从小培养
财商高的孩子

华培 著

天津出版传媒集团

天津科学技术出版社

图书在版编目（CIP）数据

从小培养财商高的孩子 / 华培著 . -- 天津：天津
科学技术出版社，2022.2

ISBN 978-7-5576-9862-1

Ⅰ.①从… Ⅱ.①华… Ⅲ.①财务管理－家庭教育
Ⅳ.① TS976.15 ② G78

中国版本图书馆 CIP 数据核字（2022）第 025576 号

从小培养财商高的孩子
CONGXIAO PEIYANG CAISHANG GAO DE HAIZI

策 划 人：杨 譞
责任编辑：马 悦
责任印制：兰 毅
出　　版：天津出版传媒集团
　　　　　天津科学技术出版社
地　　址：天津市西康路 35 号
邮　　编：300051
电　　话：（022）23332490
网　　址：www.tjkjcbs.com.cn
发　　行：新华书店经销
印　　刷：北京市松源印刷有限公司

开本 880×1 230　1/32　印张 6　字数 160 000
2022 年 2 月第 1 版第 1 次印刷
定价：36.00 元

前言

财商是指一个人在财务方面的智力，即理财的智慧，它包括两方面的能力：一是正确认识金钱及金钱规律的能力；二是正确使用金钱及金钱规律的能力。财商是衡量一个人在财富方面取得成功能力的重要指标，反映了一个人判断财富的敏锐性，以及对怎样才能形成财富的了解程度。财商不单指理财，更涵盖了让一个人受益一生的品质，它教孩子学会对财富的管理能力和控制能力，懂得节俭与储蓄，珍惜与分享。

财商是实现成功人生的关键。智商能令你聪明，但不能使你成为富有的人；情商可帮助你寻找财富，赚取人生的第一桶金；只有财商才能为你保存这第一桶金，并且让它增值得更多更多。财商的培养以财商为立足点，同时提升着一个人的智商与情商，实现个人各方面素质的综合提高，家长应给予更多的关注。

各位父母在锻炼孩子的智商，培养孩子的情商的同时，一定要注重培养孩子的财商。提升财商将能有效帮助您和孩子实现自己的人生梦想！本书从金融知识、理财目标、存钱能力、消费智慧、投资意识、省钱技巧、理财心态等方面帮助父母对孩子的财商进行教育、训练、提高，培养一个既经济独立又能正确对待金钱的孩子，同时书中配有理财小故事、名人理财启发等，让孩子在潜移默化中树立正确的金钱观和财富观，内容浅显易懂，操作性强。实践证明，只要具备了较高的财商，孩子就能在今后的事业中游刃有余，机会自然也就接踵而来，对财富的渴望就有可能变成希望，变成现实。

目录

CONTENTS

第三章
在生活中渗透孩子的理财观念

第十一章
看世界首富都是如何教孩子理财技能的

第一章

培养未来的 CEO 就要从小学会理财

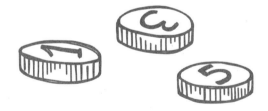

从小培养财商是关系到孩子未来的大事

现代社会，人们越来越多地提到财商，那么财商究竟是什么呢？其实，所谓财商指一个人认识金钱和驾驭金钱的能力，指一个人在财务方面的智力，是理财的智慧。财商和智商、情商一起被教育学家们列入了青少年的"三商"教育。

财商是一个人判断金钱的敏锐性，以及对怎样形成财富的了解。它被越来越多的人认为是实现成功人生的关键。但是，在中国，很多父母受一些传统思想的影响，还没有认识到对孩子进行财商教育的重要性，由此导致青少年当中普遍存在着理财能力欠缺的现象。《富爸爸穷爸爸》的作者罗伯特·清崎说过："如果你不教孩子金钱的知识，将会有其他人取代你。"一个没有接受过理财教育的孩子，走向社会时就会为之付出相应的代价。在财富越来越丰富的今天，金钱成为一把双刃剑，孩子不会自发形成对金钱的理解和认识，如果缺乏正确价值观的指导，过多的金钱反而会影响孩子的健康成长。

李小小的父母都事业有成，收入不错，对李小小也是有求必应，想要什么都会买给他。李小小的父母总是觉得自己小时候条件不好，吃了不少苦，现在条件好了，再也不能让孩子过穷日子了。

在小小上小学的时候，他的父母每天忙于工作，根本顾不上他，便经常留点钱让小小自己在外面吃饭。但是小小经常用这些吃饭的钱来买零食和玩具。渐渐地，同学们都很羡慕小小，都叫他"李大款""李老板"，小小也很义气，一高兴就请同学吃零食。春节的时候，小小收了一千多元压岁钱，其他同学都把压岁钱存在银行攒了起来，而他没几天就花了一半。父母觉得小小这样太挥霍了，便把他手中的几百元钱全部没收，然后预存在学校附近的"小饭桌"，由小小吃饭后记账。这样，小小的消费从每月四五百元一下子下降到了一百元左右。可是，后来"小饭桌"的老板却主动给小小出起了主意，让小小用吃饭的钱从他的"小饭桌"买玩具和零食，然后记到吃饭的账上。小小自然很高兴，又恢复了花钱如流水的日子，还学会了撒谎欺骗父母。

小小上初中后，父母更忙了，他不断编造补课、买教材、同学聚会

> **财商智慧箴言**
>
> 所谓财商指一个人认识金钱和驾驭金钱的能力，指一个人在财务方面的智力，是理财的智慧。

等理由向父母要钱，一有钱就去上网、玩游戏机，父母出差的时候，他就在网吧、游戏厅里泡通宵。后来，父母看他花钱太多就开始控制，他就和社会上几个"小哥们"一起去偷钱，渐渐地竟然发展到了拦路抢劫的地步，最终被公安机关抓获，被处以劳动教养。小小的父母这时才如梦方醒，一个劲儿地后悔自己因忽视

理财教育，致使孩子走上了邪路。

生活条件好了，父母都不会对自己的孩子吝啬，总是尽量满足孩子的愿望。但是，像小小父母这样总是忙于工作，无心对孩子进行理财教育却造成了严重后果，甚至会对孩子的未来造成不良影响。可见，从小培养财商是关系到孩子一生的大事。

有调查表明，在青少年犯罪中，很大一部分就是与"钱"有关的盗窃、抢劫，这些孩子之所以走上犯罪道路，很大程度上就是因为从小没有接受良好的财商教育，财商不高导致的。

如今，美国、英国等发达国家已开始在学校制订理财教育计划，甚至把理财教育列入中小学的必修课，但目前我国的学校还没有开设此类课程，所以理财教育只能靠父母有意识地进行。从小注重培养孩子的理财能力，会对孩子的未来乃至一生的财务状况起到决定性作用。

理财教育越早越好

新泽西银行的创始人法尔瓦诺在他的独子 8 岁时，就教他如何管理自己的大学教育基金。当孩子 15 岁时，父亲不幸去世。但所幸的是，"父亲教给我了很多规律与法则。"小法尔瓦诺说。从那时起，他就开始独立处理家族的财务事宜。

对于很多中国的父母来说，谈到孩子的理财教育，很多人会想：孩子这么小，让他们过早地接触金钱好吗？会不会让他们过早地沾染铜臭气？这种担心当然也有一定的道理，但是对孩子的理财教育与其他教育一样，有一个循序渐进的过程。孩子越早接受正确的理财知识，就越能培养出优秀的理财能力，从而在社会中具有更强的竞争优势。

在孩子小的时候，不要教他过于深奥的道理，可以在日常生活中让孩子开始接触钱，认识钱是什么，并且让他熟悉身边物件的价值等。随着孩子的成长，可以开始给他零花钱，让他独自去购物，决定买什么等。这样

> **财商智慧箴言**
>
> 时间是上天赋予每个人的宝贵财富，世上没有一样东西在人们的面前表现得像时间这样平等。

一直下来，孩子心目中就会形成对金钱的认识，有意识地进行理财。我们经常在媒体看到一些大学生还未毕业，就已经因为信用卡过度透支，欠下大量债务的报道。如果从小就对孩子进行理财观念的培养，让孩子明白金钱和信贷的问题，就能避免这些事情的发生。

在西方，18岁的年轻人已开始自立，独立养活自己，不伸手向父母要钱。他们从年轻时就逐步理财，到中年时已是市场主要的竞争主体。而在中国，绝大部分年轻人仍然依赖父母，到中年时才开始学习理财，此时由于家庭、孩子的影响，精力已经有限。随着年龄的增长，又面临退休，手中有点钱又想到为自己退休后经济来源做准备，根本无力再让自己的钱投入较大规模的投

资，最后也只能碌碌无为。

1996年被美国《财富》杂志评定为美国第二大富豪的巴菲特，被公认为股票投资之神。能够取得这样的成就，就是因为巴菲特从小就开始了他的财富之旅。11岁时他就开始投资第一张股票，把他自己和姐姐的一点小钱都投入股市。刚开始一直赔钱，他的姐姐一直骂他，而他坚持认为持有三四年才会赚钱。结果，姐姐把股票卖掉，而他则继续持有，最后证明了他的想法。

巴菲特20岁时，在哥伦比亚大学就读。在那一段日子里，跟他年纪相仿的年轻人都只会游玩，或是阅读一些休闲的书籍，但他却大啃金融学的书籍，并跑去翻阅各种保险业的统计资料。当时他的本钱不够又不喜欢借钱，但是他的钱还是越赚越多。

1954年他如愿以偿到葛莱姆教授的顾问公司任职，两年后他向亲戚朋友集资10万美元，成立自己的顾问公司。该公司的资产增值30倍以后，1969年他解散公司，退还合伙人的钱，把精力集中在自己的投资上。

巴菲特从11岁就开始投资股市，历经几十年坚持不懈。因此，他认为，他今天之所以能靠投资理财创造出巨大财富，完全是靠近60年的岁月，慢慢地积累出来的。

时间是上天赋予我们个人的宝贵财富，应该说世上没有一样东西在人们的面前表现得像时间这样平等。所以说，对孩子的理财教育越早越好，如果你的孩子也在 11 岁就懂得投资股票的话，可能就会成为第二个巴菲特。退一步想，如果你的孩子从 7 岁就开始懂得储蓄，即使每天只存 1 元钱，到他 60 岁，这又是多大的一笔财富。如果一个人到 30 岁才开始懂得理财，那他浪费的不仅是时间，更是无法估量的巨大财富。

时间就是财富，这同样适用于对孩子的理财教育，孩子越早懂得理财，就越早把握了财富，接近了成功。爱子心切的父母们，还犹豫什么，开始教你的宝宝学理财吧。

幸福而危险的中国宝贝

很多父母都认为：现在生活富裕了，孩子们的要求父母都应该尽量满足，要让孩子过无忧无虑的日子。殊不知，金钱是把双刃剑，这种富裕的生活在让孩子安享幸福的同时也会将孩子宠坏，让他们变得麻木、自私、贪婪、缺乏自理能力，甚至毁了他们的人生。媒体上曾经有这样的案例：一个将近 20 岁的孩子，离开父母去外地上大学，但不到一个月就退学了，原因只是他不会照顾自己……

其实，导致这种结果的责任并不在孩子，而是在父母没有给予孩子正确的教育引导，他们只是给孩子足够的钱，却没有教会孩子理财的技能。

曾经有人对某市一所重点小学五年级一班的学生及父母进行调查，其中将近四成的父母表示从来没对孩子进行过理财教育；有三成父母表示曾告诉过孩子什么是储蓄生息；有接近两成的父母让孩子了解父母挣钱不容易，应该节俭；而只有两个父母教过孩子如何打工挣钱，一位父母为孩子建立了收支簿。这些数据表明，我国父母对孩子的理财教育不够重视。

再看对学生的调查，一部分学生甚至不知道什么是理财，更多的学生不知道自己每个月要花多少零花钱，而绝大多数学生都没有劳动挣钱的经历，学校也没有对他们开展过这方面的教育。

财商智慧箴言

金钱是一把双刃剑，太"幸福"的生活会毁了你的孩子。

调查结果表明了一个尴尬的现状：当前中国孩子的理财教育基本上处于放任自流的状态；父辈只想给孩子提供更好的生活条件，不让孩子受苦，在物质上会尽量满足孩子，宁愿自己吃的用的差一点，也不能让孩子感觉比不上别人。而作为学校，更关注的是升学率，开设的课程也都是考试科目，没有精力顾及青少年的理财教育，即使偶有涉及也是老生常谈的"艰苦朴素""勤俭节约"，老师讲得空乏，学生自然理解得不够深入。

可以想象，在这样一个大环境下成长的中国孩子们，将来会形成怎样的消费观念。首先是没有理财的概念，花钱大手大脚没有计划；其次是缺乏自理能力，对父母的依赖性过强，衍生"啃老族"；再就是互相攀比，盲目消费，看到别人穿耐克自己也要穿耐克，根本不顾及父母的承受能力……而这一切都是由于理财教育缺失造成的。

生活条件好了，父母给孩子多点零花钱，让孩子生活得好点，这是无可非议的。但越是这样越要培养孩子的理财能力，因为财富将是他人生中必须面对的主题，而一个没有理财意识的人，他的财富之路一定不会走得很顺利。所以，别让太"幸福"的生活害了你的孩子。

犹太人的财商教育给我们的启示

毫无疑问，犹太人是当今世界上最富有的民族之一，是公认的"世界的金穴"。虽然犹太人口在世界所占的比例仅为0.3%，但却掌握着整个世界的经济命脉。在富饶的美国，犹太人所占人口的比例仅为3%，但是在《财富》杂志所评选出来的超级富翁中，犹太裔企业家却占20%~25%。在全世界顶级的富豪中，犹太人竟然占到一半。他们中涌现出了大批世界级的科学巨匠、思想艺术的大师、顶尖级的政治家、卓越的外交能手、石油王国的巨子、传媒帝国的巨擘、华尔街的天才精英、好莱坞的娱乐大亨等，甚至全世界的银行业，都会因为犹太商人的策略介入而受到影响。所以，西方人常说，五个犹太人凑在一起，便能控制整个人类的黄金市场。

为此，一千多年以来，犹太人的财富智慧成了世人关注的话题，人们都想明白犹太人究竟是怎么想的又是怎样做的。种种说法，不一而足，但不可否认犹太人的成功离不开这七大秘诀，分别是：一、拥有真正的财富——知识；二、成为专家和企业家；三、拥有追求成功的动力；四、赞美个性，发展创造力；五、发展言语信心；六、助人而后人助；七、奢侈有选择，节俭精打细算。

而且，每一个犹太人从小就会接受非常好的财商教育，通常包括以下几个方面。

第一，帮助孩子建立自尊心。从孩子小时候父母就要对孩子不断地鼓励，树立孩子的自信，让孩子相信自己是独一无二的人才。同时要给孩子树立心目中追求的楷模或者典范。

第二，培养孩子延迟享受的理念。这是犹太人成功的秘诀之一：延期满足自己目前的欲望，以追求未来更大的回报。《犹太人赚钱的七大秘密》一书中写道：如果你喜欢玩，就需要去赚取你的自由时间，这需要良好的教育和学业成绩。然后你可以找到很好的工作，赚到很多钱，等赚到钱以后，你可以玩更长的时间，玩更昂贵的玩具。如果你搞错了顺序，整个系统就不会正常工作，你就只能玩很短的时间，结果是你拥有一些最终会坏掉的便宜玩具，然后你一辈子就得更努力地工作，没有玩具，没有快乐。在现实世界里，玩具就是汽车、房屋、衣服、唱片、外出吃饭和度假，显然，如果你赚不到这些玩具，或者太早追求这些玩具，快乐很快就会变成不愉快的结果。

第三，教孩子把钱投资在银行账户或者资本市场等未来有收益的地方。犹太人教孩子不要一有钱就花掉，而用来投资，这会让自己的钱变得越来越多，投资也越来越多。

第四，尽可能地给孩子选择最好的教育。犹太人认为，从同龄人身上获得知识和能力是教育的一部分，因此为孩子寻找能力高超的同学很重要。

第五，父母要养成两种习惯，一是发现趋势，紧跟趋势才会成功；二是养成不断学习的习惯。父母通过与时俱进的学习，一方面可以使自己跟上社会发展的趋势，另一方面也能给孩子树立良好的榜样，促使他们形成良好的习惯。

在犹太人这种财商教育下成长的孩子，自信、目光长远、懂得投资而且富有智慧，如果我们国家也用这样的方法来教育孩子，会不会培养出更多成功的人才呢？这是一个值得深思的问题。

适合中国孩子的理财教育

对于孩子的理财教育，虽然国外有很多经验可以借鉴，但毕竟国情不同，外国的教育方法并不一定适用于我们国家，在中国，应该施行适合中国孩子的理财教育。

一般来说，在孩子两三岁的时候就可以教他一些基本的知识，如认识数字，数数，简单的加减法，大小轻重的比较，钱币的种类金额，商品货币交换的观念，以及节约不铺张浪费的好习惯等。

在孩子读小学期间，可以安排孩子每周做一定的家务或者力所能及的社区劳动等，并给予一定的奖励。奖励可以是物质奖励也可以是精神奖励，提倡以精神奖励为主。如果是物质奖励，要向孩子讲明，这个报酬是作为零花钱的，教他金钱的来源，讲解商品社会的本质，即人们为社会创造价值，而又通过货币从社会获取回报的道理等。

孩子进入中学以后，已经具备了完全行为能力，心理思想也开始逐渐成熟，这时应该开始培养孩子的经济头脑，让他们做一些力所能及的课外劳动，勤工俭学。

孩子 18 岁成年，踏入了大学的校门。父母应该继续关注孩子的财商发展，积极鼓励、引导、支持孩子创业，帮助孩子分析形势抓住机会，逐步确立自己的财富理想。

总之，关于孩子理财技能的培养实质包括四个方面，即理财观念、理财能力、创富欲望和事业潜能的培养。

一、理财观念的培养。俗话说，"你不理财，财不理你"，科学端正的理财观念对孩子一生的影响至关重要。理财，要教育孩子其中之"道"。理财之"道"其实与人生之"道"息息相关，理出同源。人应当成为金钱的主人而不是让金钱成为人的主人。

二、理财能力的教育。父母对于孩子理财能力的教育应该很全面，从简单的数学运算到个人理财战略和策略的设计都应给予适当的教导和指引。

三、创富欲望的教育。中国人都有"君子不重于利"的传统思想，认为谈钱是很俗的事情。其实，人的价值衡量标准就在于对社会所做的贡献，而创造财富正是对社会的巨大贡献的重要表现。所以父母应该激发孩子追求卓越的渴望。

四、事业潜能的培养。一个人想要成就一番事业，除了知识素养的积累之外，更重要的是非智力因素的培养，包括毅力、自信、坚强、正直、自律等个人素养的培养。这些也是父母教育孩子时不可忽略的。

不同的年龄阶段，理财技能训练不一样

由于孩子在不同年龄阶段的不同特点，家长对孩子理财技能的培养也应分阶段进行。

第一阶段：6岁之前

这一阶段应该属于孩子理财意识的启蒙阶段，这一阶段的孩

子不能理解比较复杂的道理，因此父母教育的重点应该放在让孩子了解有关金钱的概念方面。

首先，让孩子学会区分硬币与纸币。最简单而直接的方法，就是父母拿出各种面值的硬币给孩子看，包括一角、二角、五角和一元硬币，向他们解释每枚硬币价值多少。当孩子全都熟悉以后，再加上不同的纸币。

当孩子对金钱有了初步认识以后，父母可以告诉孩子：钱是可以用来买东西的，就像我们每天吃的食物、穿的衣服、用的水、电都是要用钱来买的。为了加深孩子的印象，父母可以带孩子一起去购物，让孩子拿钱去收款处结账。还要告诉孩子，钱是爸爸妈妈辛苦工作挣来的，要好好珍惜，不能乱花钱。

第二阶段：7 ~ 12 岁

这个阶段的孩子已经上小学了，性格已经开始形成，对一些事物也开始有了自己的认识，所以在这一阶段的理财训练中，父母应该适当放权给孩子，让孩子开始储蓄以及自己支配零用钱等。

财商智慧箴言

在孩子的成长过程中，理财技能训练应该是不间断的，循序渐进的。

在孩子有了自己的积蓄之后，家长可以带孩子到银行开一个储蓄账户，并且向孩子解释什么是银行，把钱存到银行有什么好处，为什么存款会有利息等。

除此之外，一些财务上的数学运算，如复利率的计算及金钱的时间值等，都可在这时期教给孩子，使他明白储蓄及投资的好处。当孩子明白这些道理以后，对金钱的运用便更得心应手。

第三阶段：13 ~ 18 岁

对于这一年龄阶段的孩子，可以在之前的基础上增加他们在投资方面的知识，开启他们创造财富的潜能。

这个阶段的孩子可以拥有自己的银行卡了。父母也可尝试教导孩子把部分储蓄在银行的金钱，用来购买股票与基金，当然在购买之前，父母要让孩子明白股票或者基金投资的道理。这对于孩子来说，是一个相当好的训练，因为只有通过真正的买卖，孩子才会对股票和基金，有深入的了解。

第四阶段：18 岁以上

18 岁以后，孩子就已经长大成人了，掌握不少的理财和投资知识，也有了独自处理问题的能力，已经可以自行申请信用卡和私人贷款。在这一阶段的理财训练中，父母应该让孩子清楚信用卡和私人贷款的运作，让他知道怎样使用信用卡。如果父母也在使用信用卡，可以让孩子看你的月结单，告诉孩子什么是应还总额、到期缴款日，以及信用额的设定、最低还款额、现金透支等，让他了解信用卡的操作方法。

更重要的是，父母应该向孩子解释，信用卡和贷款适合在什么场合使用，以及如果使用不当可能会致使我们负债累累的严重后果。

除此之外，父母还可以教孩子一些更深奥的理财知识，例如外币的汇价、税务的安排、网上理财购物等，都有益于孩子理财技能的培养。

总之，在孩子的成长过程中，理财技能训练应该是不间断的，循序渐进的，培养孩子的理财意识和理财技能是家长的责任，同时培养孩子的金钱个性也非常重要。父母要讲究方法，避免让孩子成为只看重金钱的"小财迷"。

▌财商高的孩子拥有长远目光

有一个男孩常遭到同伴的嘲笑，因为每当别人拿一枚1角的硬币和一枚5分的硬币让他选择时，他总是选择5分的硬币，大家都笑他愚蠢。

有一位同伴觉得他太可怜了，就对他说："让我告诉你，虽然1角的硬币看起来比5分的硬币要小些，但它的价值是5分硬币的两倍，所以你应该拿1角的硬币。"

但小男孩回答说："假若我拿的是1角的硬币，下一次他们就不会拿钱来让我选了。"

小男孩明白，只有选择5分钱的硬币，他才可以长期拿下去；选择1角的硬币，只能有眼前的利益，实际上并不是好办法，而选择5分的硬币虽然会让他暂时减少一些利益，但从长远看来，这是非常正确的做法。可以说，这是个财商很高的孩子。

拥有高财商的一个重要标准就是：看一个人是否能将目光放长远，经得起暂时的诱惑而不动心。在孩子理财技能的训练中，培养孩子的长远眼光是非常重要的一个环节。事实上，能取得伟大成就的人，或者是一些理财的高手，都是有长远目光的人。他们能够透过眼前的利益，看到未来所取得的更多收获。

想知道你的孩子是否有长远眼光，你可以先跟他做个简单的实验。如果孩子想要钱买一块巧克力，你可以给他两个选择：

选择一：现在要钱去买巧克力；

选择二：先不要钱，但明天可以得到一个自己很喜欢的玩具。

如果你的孩子是个财商很高的人，他会选择第二种，暂时控制自己想吃巧克力的欲望，等明天得到那个非常喜欢的玩具。目光长远的孩子一般头脑清晰，善于抗拒诱惑和控制情绪，能较好地应付生活中的挫折，长

> **财商智慧箴言**
>
> 能取得伟大成就的人，都能够理智抑制心理上的冲动。牺牲暂时的快乐，来换取将来更大的成功。

大后会取得很大成就；相反，选择现在要钱去买巧克力的孩子，则一般较易受眼前的诱惑所影响，容易放纵自己的冲动，放弃了将来更大的回报。

要让孩子拥有长远眼光，就必须训练他们抗拒诱惑的能力。父母首先要训练孩子的分析能力，当孩子面临选择的时候，父母

应向孩子解释清楚每项选择的优点与缺点，特别是为什么要放弃眼前的利益，把目光放到更远的地方。当孩子有了较强的分析能力，以后遇到相似的问题，就会懂得比较不同选择的结果，从而做出最明智的决定。

不过需要注意的是：父母在测试孩子是否拥有长远眼光时，如果孩子做出了正确选择，父母一定要说到做到，否则孩子体会不到目光长远所带来的"甜头"，便会对自己的正确性产生怀疑，以后就会更加看重眼前唾手可得的利益。

▎巴比伦富翁的秘密

在美国学者克莱松的《巴比伦富翁的秘密》一书中，作者通过巴比伦第一富翁之口，向人们阐述了七大发财秘诀。

第一秘诀：当你的钱袋里有 10 元钱时，最多只能花掉 9 元钱。

第二秘诀：一切花费都必须有预算，应当把钱花在正当的事物上面。

第三秘诀：使每一元钱都替你挣钱，让金钱源源不断流入你的钱袋。

第四秘诀：投资一定要安全可靠，这样才不会丧失财富。

第五秘诀：拥有自己的住宅。正如巴比伦国王用雄伟的城墙围绕城市，有坚定发财意志的人一定有能力建立自己的家园。

第六秘诀：为了防老和养家，应该尽早准备必需的金钱。

第七秘诀：培养自己的力量，从学习中获得更多的智慧，这样就会有自信去实现自己的愿望。

这七大秘诀的实质是教人们怎样和金钱打交道：如何赚钱，如何存钱，如何花钱。

第一秘诀可称为"十分之一"储蓄法，其思想就是：不要让支出大于收入。花掉的钱只能换来衣食，而存下的钱却可以生出更多的钱。

第二秘诀教人们如何花钱，不要把支出和各种欲望搅在一起。预算使你有钱购买必需品，使你有钱得到应得的享受，也使你不至于在对欲望的无限追求中弄得入不敷出。

> **财商智慧箴言**
>
> 培养自己的力量，从学习中获得更多的智慧，这样就会有自信去实现自己的愿望。

第三、第四秘诀是教人们投资，以及怎样投资。应该注意的是，在投资之前必须认识到其风险性——为求高利而冒险投机是不可取的。

第五秘诀强调的是产业和财富对人的成功有着巨大的积极意义。中国古语说："无恒产则无恒心"，当人们拥有自己的家园和产业时，才会因自豪而珍惜，才会更有信心，更加努力。

第六秘诀的实质是：为将来投资。在古代，通常的方式是把钱财埋藏起来，时至今日，我们已经有了更好的选择：投资于多种保险事业。

第七秘诀与前面六条不同，它讨论的主题不是金钱，而是金钱的主人。不是每个人都能赚到钱的，要做到这一点，你必须有强烈的信念和欲望，必须不断充实自己，不断进步。

第二章

孩子应该建立平衡的
金钱个性

教孩子认识钱，体会钱的价值

　　人对金钱的兴趣可以说是与生俱来的，孩子也不例外。在父母或者社会的影响下，他们慢慢会对金钱形成自己的认识。但如果缺乏正确引导，孩子自发形成的对金钱的认识可能会有偏差，所以父母应该把握生活中的一些机会，尽早教孩子认识钱，体会钱的价值，引导孩子树立正确的金钱观。

　　儿童心理学研究表明，一般来说，3 岁的孩子能够分清纸币和硬币；4 岁的孩子能够知道钱可以买东西；5 岁的孩子可以弄清楚每个硬币是多少；并数清一些小数目的钱了，有的孩子还知道 1 元等于几角，5 元等于几个 1 元；到六七岁的时候他们就可以看清超市里的商品的标价了，也有了用钱的能力，知道了用钱可以买东西，会自己买一些自己喜欢的小商品了。

　　所以，从孩子 3 岁开始，父母就应该有意识地教孩子认识钱了。首先，要让孩子能够区分钱和其他的玩具，知道钱分为硬币和纸币两种，并教孩子认识币值。先拿来几个面值不等的硬币和纸币，告诉孩子钱分为硬币和纸币两种，那一枚枚圆圆的金属片是硬币，那一张张精美的花纸是纸币，硬币和纸币的用途其实是一样的，都可以买到东西。

孩子认识钱以后，就可以教孩子认识币值。将1分、2分、5分、1角、5角、1元的硬币收集齐全，放在孩子面前，先教孩子根据颜色、大小和重量来区分不同的钱币，比如元币比分币的重量大、面积大，不同面值的硬币也会有不同的图案。同时，父母还可以教孩子1 ~ 10的数字，以及"元""角""分"这几个汉字。

在孩子熟悉了钱币的面值之后，就应该乘机让孩子知道它们所代表的实际价值。对于年龄还比较小、刚刚接触钱的孩子来说，父母可以准备一些面额不等的硬币，在纸上拓印出若干个硬币图案，并在图案下面标注上金额，让孩子看得更清楚些，然后分别剪下来。

接下来可以将这些标注具体数额的硬币图案和孩子喜欢的玩具或零食联系起来，例如，让孩子在一张纸的左边简单画出一个棒棒糖图案，中间画上一个等号，右边根据棒棒糖的实际价格，比如2元，粘贴上刚才拓印后裁剪下来的两张1元的硬币图案，也可以粘贴上一张1元的图案和两张5角的图案，在这个过程中加强孩子"等价概念"意识。这样，孩子就可以直观地知道每件物品的实际价格。

对于更大一些的孩子，父母可以创造一些条件让孩子亲自体会钱的数值所代表的真正意义。比如带孩子去超市，可以给他们一些零钱，让他们购买自己喜欢的物品，在买东西的过程中，自然就对商品的价值有所感悟，知道雪糕大概多少钱一支，买一支雪糕的钱大概可以买几支铅笔……通过这些活动，孩子自然会对金钱的数量和功能概念有越来越切身的感受。

总之，尽早让孩子懂得钱的概念，以及与钱相关的一切，对他将来的成长，以及培养正确的观念具有重要的意义。

▌让孩子明白钱是要用劳动换来的

钱是怎么来的？在大人看来这是一个看似简单其实非常复杂的问题，但孩子们对此都会有自己不同的理解，而父母要做的就是教孩子认识到钱是要用劳动换来的，他们所花的每一分钱都是父母通过辛勤的劳动换来的，让孩子从小就懂得"一分耕耘一分收获"的道理，这对于他们将来勤勤恳恳地学习和工作都是有益处的。

为了让孩子明白"钱是劳动换来的"，可以让孩子做一些简单的家务劳动并付给报酬。当然这并不只是包括基本的家务活在内，还可以让孩子自己收拾玩具等。让孩子明白自己在家中也需要承担一定的劳动的义务。

刚开始的时候，"工作"可以尽量的简单，但一定要量化。'以洗碗为例，对于年龄较小的孩子来说，"洗碗碟三个"要比"洗碗筷一次"要明确得多。而不同工作的报酬可以有一定的差距。

根据工作量给予孩子一定的报酬，让他们用这些报酬作为自己的零花钱，买自己想要的东西。这样孩子们就会为了自己想要的东西而努力积攒，并且学会考虑自己是否需要这些东西，这比苦口婆心地告诉孩子什么该买什么不该买要有效得多。

孩子天生会有一种攀比心，会问一些诸如："为什么毛毛家有汽车咱们家没有"之类的问题，这时父母不要用"毛毛家有钱咱家没钱"这样的回答来敷衍孩子，而应该尊重孩子

> **财商智慧箴言**
>
> 让孩子从小就懂得"一分耕耘一分收获"的道理，对于他们将来勤勤恳恳地学习和工作都是有益处的。

提出的问题，告诉他毛毛的父母做的是什么工作，取得怎样的收入，而自己做的是什么工作，取得怎样的收入，不必刻意对孩子隐瞒家里的收入状况，让孩子了解父母工作挣钱的不易，这样孩子心目中就会形成"我们家没钱，我不能乱花钱"的初步意识。

若孩子对较富裕家庭的物质生活表示羡慕，对此父母不必感到羞愧，可以通过这个机会告诉孩子不同的工作会有不同的收益，而工作的机会对每一个人并不是完全一样的。也可以用洗一个碗的报酬是 5 角，而擦一辆自行车的报酬则是 5 元的例子加以说明。要让孩子明白只有勤奋的人在机会合适的时候才会有好的工作，从而得到相应的报酬。不管收入多少，只要是用自己的辛勤劳动换来的，都是值得自豪的。

让孩子明白"钱是劳动换来的"的机会有很多，如果条件允许的话，你可以带着孩子到你工作的地方看一下，告诉他爸爸（妈妈）通过这样的劳动来赚钱；或者带孩子上街的时候，看到马路上的交通警察、清洁工、自行车停放处的管理员、超市里的售货员……你都可以告诉他，这些人都是在工作，这样每个月才会挣到钱，不工作的人是没有钱的，他长大了以后也要自己工作挣钱。这样孩子才会对"钱是劳动换来的"有着越来越深入的理解，也会越来越珍惜自己手中的钱，这对于培养孩子的理财能力来说是非常重要的。

并不是所有的劳动都要换来钱

在几次三番的催促之后，妈妈终于失去耐心，上前把坐在沙发上看动画片的楠楠拽了起来："我跟你说几次了？让你去收拾房间，爷爷下午就来了。你不是答应爷爷给他铺新床单吗？你还不去，一会儿爷爷就来了，你想让爷爷自己铺床吗？"

楠楠从妈妈手里挣脱出来，又翻滚在沙发上："我也跟你说过啦，扫地5元，铺床5元，擦桌子3元，你把钱放到我的存钱罐里我马上就去！"

妈妈把楠楠又拽了起来："你不是答应给爷爷打扫房间、铺床了吗？怎么还跟我要钱？这是你在帮妈妈做家务活，也是对爷爷的心意，这能用钱来衡量吗？你这么小的孩子怎么学会说话不算数了呢？"

楠楠被妈妈拽得有点疼，但还是毫不示弱："是你跟我说劳动了就应该获得报酬的，平时我在家做家务活你也都给我钱的。我帮爷爷打扫房间也是劳动，为什么不能拿报酬呢？你才是说话不算数！"

妈妈往前站了一步："是谁说话不算数？你答应了的事，你就该去做，这能跟平时做家务活一样吗？"楠楠委屈地皱着眉头："怎么不一样了，都是劳动。是你说的，劳动了就可以得到相应的报酬，怎么不一样了？"

是啊，怎么不一样了？妈妈突然不知道说什么了……

财商智慧箴言

人生有很多东西是用钱买不到的，比如成功、快乐、温暖和爱。

楠楠妈妈的尴尬是因为她平时太过于强调钱的作用了，或许她的本意只是让楠楠意识到钱是要用劳动换来的，但是由于方式不对，反而片面地强调了钱的作用，使孩子眼睛只盯着钱，一切都用钱来衡量，忘了自己作为家庭成员的义务和责任。

其实，对孩子的教育方式有很多种。有些父母希望通过付钱鼓励孩子做家务，其实这是不可取的。家庭中的每个成员都要承担一定的责任和义务，孩子也不能例外，让孩子做一些力所能及的家务，这是他们的责任。如果在学习和做家务之类的事情上付钱给孩子，某种程度上是在"贿赂"孩子，这不利于孩子建立正常的责任感。

楠楠的妈妈教育孩子劳动就要获得报酬，会让孩子认为金钱可以买到一切，什么都用钱来算计，认为一切都是一种交易。孩子的理解力是有限的，父母应该告诉孩子人生还有很多价值，有些东西是用钱买不到的。比如说，成功、快乐、温暖和爱等。

所以，楠楠妈妈应该逐渐淡化钱的作用，把孩子应该做的家务和挣钱区分开。如果孩子不予理解，要和妈妈算金钱的账，那么妈妈不要生气，而应该平静地坐下来，细细和他算账。比如说："家里所有的钱都是爸爸妈妈挣的，如果都用钱来衡量的话，那么你上学的学费、生活费、玩具等，都是妈妈付的钱，你该给妈妈多少钱呢？但为什么妈妈不管你要钱？因为抚养你是妈妈的责任，妈妈爱你，所以满足你的需求。我们一家人生活在一起，每个人都有责任为家里做一些事情，这是不能用钱来计算的。就像，爸爸妈妈工作挣钱抚养你是爸爸妈妈的责任，你的责任呢？就是要好好学习，帮助爸爸妈妈做一些力所能及的家务活。如果不给钱你就不干活，那么以后妈妈做饭是不是也应该跟你要钱呢？"相信通过这样的教育，孩子就能够区分什么样的劳动是责任和义务，什么样的劳动应该获得报酬了。

如果孩子还是不能理解，妈妈可以试着用"罢工"的方式，不做饭或者不洗衣服，或者在孩子要求为他洗衣服的时候跟他要钱，这时孩子应该就能认识到自己的错误了。

有钱不一定代表成功

"有钱不一定代表成功"，很多人可能会认为这是吃不到葡萄说葡萄酸。在大部分人看来，钱是衡量一个人是否成功的重要标准，一个囊中羞涩的人是无论如何算不上成功的，这种想法的确是有道理的。但有钱不是成功的全部。

有些人拥有大量的金钱，并且认为有钱就有一切，有钱就是地位的象征，所以他们态度骄横，目空一切，穷人在他们眼里不值一提。他们习惯开着豪华的私家车在闹市招摇，看着别人匆忙地躲避他们脸上会露出不屑的笑容；他们可以一餐饭豪掷几千几万元，但吝啬于用这些钱来支助那些需要帮助的人；他们只关心自己的利润，对于为他创造这些利润的人却吝啬得连加班费都不愿给；他们自己住在价值几百万元甚至上千万元的公寓里，却不支付工人几万元钱的工资；他们忘记了自己贫寒时别人给予的帮助，却嫌弃自己乡下的穷亲戚……

这样的人很多人认为他们是成功的，因为他们拥有了金钱和一定的社会地位，他们可以出入一些高级的

> **财商智慧箴言**
>
> 一个成功者应该是注重内在修养，用正确的方式追求财富，而且懂得感恩和回报的人。

消费场所，但是人们对他们的恭敬只是表面的，没有人会从心里真正地尊敬和爱戴这样的人，而是唾弃他人格的卑微。这样的人算不上一个真正的成功者，因为他的财富只是用来为他自己服务

的，而完全不用在为他人、为社会服务。我们这个社会需要的是古道热肠的成功者，是能够为社会创造财富，具有社会责任感和公益心的成功者。只有这样的人才能推动社会的进步，才是时代的精英。

所以，有钱不一定代表成功，成功的人也不一定富有。很多文学家、科学家，他们终生清贫，却为社会创造了不可取代的价值，这样的人难道不成功吗？而一个人如果为了自己敛财而不择手段，甚至不惜触犯法律，这样的人或许很有钱，但他不是一个有益于社会的成功之人，反而会对社会造成危害。

父母在对孩子进行理财教育时，一定要注意：不要对孩子过分强调金钱的作用，切勿让孩子形成金钱可以买到一切，金钱就代表成功的观念，这样会使孩子产生唯利是图的错误倾向。而应让孩子懂得：一个人是否成功在于他是否为社会做出贡献，金钱不是衡量成功与否的唯一标准，一个成功者应该是注重内在修养，用正确的方式追求财富，而且懂得感恩和回报的人。

▌让孩子体验"贫穷"

孩子的思维方式简单而情绪化，这是他们的年龄特征。正因为如此，孩子们的行为同样具有这两方面的特征，在对于金钱的态度上也是如此，他们对"贫穷"和"富有"毫无概念，也会只因为自己的喜欢而购买毫无使用价值的东西，却不考虑自己家庭的经济承受能力。如果孩子的这种行为方式得不到正确的引导和规范，即使长大以后他还是会保持这种乱花钱的坏习惯。

我们经常看到这样的情况：

一个孩子因为父母不满足他的某种要求而躺在地上撒泼打滚，直到他的要求被满足；有的父母含辛茹苦、节衣缩食，却让孩子吃好的穿名牌，但孩子对这一切似乎习以为常，丝毫不为所动，甚至会嫌弃自己的父母老土不够时尚；很多父母对孩子的爱都表现在要让孩子过好日子，尽量满足孩子的所有要求上，可是，这种无私的爱与无限的满足，会给孩子的一生带来怎样的影响呢？

> **财商智慧箴言**
>
> 平静的海洋练不出精悍的水手，安逸的环境造不出时代的伟人。

无数事实证明，太好的物质生活和享受，只能教会孩子永不休止地索取，却忘记了奉献和创造；如果父母时刻为他们遮风挡雨，他们就会像温室的幼苗，永远经不起风吹雨打……所以，父母应该让孩子体验"贫穷"的生活。有句老话说"穷人的孩子早当家"，只有贫穷，才能让孩子感受到苦和累的滋味，于是发愤图强，努力摆脱困境；只有贫穷，才能让孩子在磨难的生活中得到锻炼，形成坚忍不拔的性格，父母们试试下面的方法，让你的孩子也体验一下"贫穷"吧。

一、故意"装穷"

小张夫妇收入颇丰，生活得富裕安逸，但自从儿子出生以后，夫妇俩就故意装扮成"穷苦"人家。在家庭生活中克勤克俭，在穿着打扮上朴素简单，他们还时不时在孩子面前唠叨：爸爸妈妈工作很辛苦……让幼小的孩子知道父母挣钱不容易，家里的经济并不富裕。在夫妇俩的影响下，他们的儿子自小就学会了勤俭节约，从不乱花钱。平日，家里没用的纸箱皮，他会一个一个地存起来，积累够一定数量时，就拿去卖给那些收纸箱皮的人。看到儿子这样节俭，夫妇俩心里乐滋滋的，对儿子的行为赞赏不已。

俗话说"由俭入奢易，由奢入俭难"。当孩子习惯了花钱如流水、伸手钱便来的生活，如果再让他过节俭的生活，是很困难的。而如果孩子从小就养成了节俭的意识，长大以后必然会对财富倍加珍惜，并感恩父母为他所创造的一切。

二、接触"贫穷"

父母们都有这样的体会，对于年纪大一点的孩子，如果我们老是在他面前念叨自己以前生活如何贫苦、如何艰难打拼等"老掉牙"的事情，不但不能起到教育作用，孩子反而会嗤之以鼻，甚至反驳道："都什么年代了，难道你们想社会大倒退，让我们回到你们那个穿破衣、啃红薯的年代？"

对于这些涉世未深的孩子，我们不如让他们亲眼看见穷苦人的生活情景。比如收集一些报刊、电视、网络等媒体上有关边远山区人们生活工作的图片、报道和录像给孩子观看，以此触动他们的心灵；或带他们去孤儿院看看那些孤独无助的孩子，使他们领悟到自己的幸福所在……

孩子只有懂得了贫富的明显差别，才会在对比中学会知足和珍惜，从而自觉反省自己平日的奢侈行为。

三、体验"贫穷"

放暑假时，妈妈把10岁的儿子阳阳带到了乡下大伯家里，让儿子在农村过一段时间，跟大伯家的孩子一起体验一下乡下孩子的生活。

开始的时候阳阳很不习惯每天放牛割草的生活，吵着要回城里。但妈妈狠下心来没有理会，而且告诉儿子这是对他的磨炼，希望他能坚持下来。阳阳明白了妈妈的初衷，就安心地住了下来。

两个月的假期生活，阳阳渐渐喜欢上了淳朴宁静的农村生活，而且增长了不少农家知识，学会了很多农活。回到城里后，虽然他的皮肤晒得黑黑的，但是变得懂事多了，也会主动地帮妈妈做一些家务活了。阳阳妈妈看着儿子的转变，知道自己的苦心没有白费。

俄国一位文学家曾经说过："平静的海洋练不出精悍的水手，安逸的环境造不出时代的伟人。"父母们，如果你们想让孩子早日成才，就先让他们过过"贫穷"的日子吧。

理财不是贪婪和市侩

很多父母会有这样的顾虑，总是和孩子谈钱谈理财，会不会把孩子教成一个贪财的小市侩？有没有什么方法可以避免这种负面的影响呢？

其实，父母完全可以将理财融入生活中去，让理财成为孩子的自觉习惯，而不是时时事事都跟孩子谈钱。一个很好的方法就是通过玩游戏的方式让孩子学理财。父母可尝试为孩子设计一些理财的游戏。孩子年龄小的时候可与他们玩买卖游戏，年龄稍大的可尝试玩流行的大富翁，甚至是股票模拟买卖等。透过这些游戏性的引导，孩子就可以亲身经历，如何于各种不同的环境下，运用本身理财的知识，达成心中所想的愿望。讲故事也是不错的方法，很多孩子都会在临睡前要求父母给自己讲一个故事，这时父母就可以有意识地给孩子讲一些理财的小故事，让孩子从中领悟理财的智慧。

当孩子在理财方面犯了一些错误，这时父母不要对孩子大加责备，而应该让孩子自己检讨，找出自己哪些地方做得不够好。比如说：让孩子自己考虑买回来的东西有什么用处，值不值那么多钱？同样的价钱是否可以买到另外一种更好更实用的东西？孩子想明白了这些问题，也就会从中得到理财的启发。

> **财商智慧箴言**
>
> 父母在日常生活中的言行和表现出来的价值取向，会直接深刻地影响到孩子。

不过无论教导的方法是怎样，其中有一点很重要，就是父母应以身作则，本身要有正确的理财概念，然后再向子女亲身示范，这才是最好的教导。父母在日常生活中的言行和表现出来的价值取向，会直接深刻地影响到孩子，因此父母要想要求孩子应该怎么样或不应该怎么样时，要先想想自己的行为是不是影响到孩子的价值判断。如果父母自己就有贪婪市侩的缺点，难免会对孩子造成不好的影响。

所以，如果不想孩子变得贪婪和市侩，父母自己首先要端正对金钱的态度，然后才能给孩子好的影响。

教孩子懂得分享与感恩

一个人应该懂得分享与感恩。我们提倡培养孩子的理财技能，并不是希望孩子将来能够赚多少钱，而是希望他能合理安排自己手中的钱，能用自己的钱来为社会做些有意义的事，这才是理财的最高境界。

李嘉诚早年便热心慈善公益，支持香港及内地的教育医疗事业。在1980年，他成立了李嘉诚基金会，以对教育、医疗、文化、公益事业做更有系统的资助。多年来，李嘉诚成立的私人公益慈善基金会已捐出及承诺之款项约77亿港元。此外，他也在积极推动旗下企业集团捐资及参与社会公益事业。

美国《福布斯》杂志2006年的"全球富豪榜"显示，李嘉诚以188亿美元的财产，名列全球第10位。以此计算，其财产的三分之一，即约480亿港元，将陆续投入基金会中，成为华人私人基金会中金额最多的一个。

事实上，慈善的内容非常广阔，并不是只有李嘉诚这样非常成功的人才有能力做慈善事业，我们普通人也可以通过小额捐助、物品援助、义工活动等形式来为慈善事业尽一点自己的绵薄之力。

"施比受更有福"，每个人都应该把财富看作上天对自己的恩赐，并将这种恩赐分给更多的人，帮助需要帮助的人，回馈他人和社会。

如果上天赐给我们财富，我们就应该把资源与人分享，尽力地去帮助应该帮助的人。要训练孩子学习回馈社会，父母应该从小就培养孩子做善事，可以教孩子将零用钱节省下来，给贫困地区的小朋友买一些文具、书籍进行捐赠，带孩子去敬老院看望孤寡老人，这些都是很好的慈善之举。

纠正孩子错误的金钱心理

当孩子认识到金钱的重要性后，对金钱的渴望会比较强烈。这时他们可能会用自己想到的一些方法来获得金钱。这些方法有的是好的，是值得鼓励的，有的则可能源于孩子思想认识上的偏差或者错误，一旦发现这些情况，父母一定要及时给予纠正与制止，以免孩子越错越深。

一、不劳而获

任何人性格中都有向往安逸的一面，只是孩子表现得可能比较直接，他们会羡慕那些什么都不用做，但出手阔绰的公子少爷，并希望自己也能过上那种舒适豪华的生活。而且，有的父母出于对孩子的疼爱和关心，包揽了全部或大部分孩子力所能及的家务劳动。久而久之，孩子就会养成不劳而获和好逸恶劳的习惯。

对待好逸恶劳的孩子，父母就要让孩子懂得财富必须依靠劳动才能取得的道理。在平时，父母可以向孩子说明，除了没有劳动能力的人，比如小孩子、老年人、残疾人等，其他人都应该劳动工作，换取报酬才能生活下去。否则，自己不用劳动来挣钱，根本生活不下去。就像小偷，他们不想通过劳动来挣钱，而是想办法去偷别人辛苦赚来的钱，这是违法的，是人们不允许的，所以警察叔叔才会抓他们，惩罚他们。

通过分析事实，帮助孩子提高认识，通过劳动实践培养孩子的品格，通过自身的勤劳行动为孩子做出表率，这是教育孩子热爱劳动的成功经验。当孩子明白了"不劳无获"的道理后，就能够自觉地尊重父母的劳动和所有人的劳动，懂得珍惜物品和节俭花销，进而增强自立自强的意识。

> **财商智慧箴言**
>
> 任何人性格中都有向往安逸的一面，只是孩子表现的可能比较直接，他们会羡慕那些什么都不用做，但出手阔绰的公子少爷，并希望自己也能过上那种舒适豪华的生活。

二、拾到东西不还

你的孩子有过拾到别人的东西不还的经历吗？或许不仅是孩子，很多大人也有过这样的行为。很多人拾到别人的东西，会认为这是"天上掉馅饼"，是自己运气好，于是理所当然就把拾到的东西占为己有了。其实，这是人的一种贪心。

人的贪心是很可怕的，一个孩子如果从小就很贪心，凡事只从自己的利益出发，对于他将来的发展，将会造成很大的影响，甚至会酿成大错。所以，贪心是非常要不得的品行，父母应该采取方法，尽快将孩子这种不良心理纠正过来。

父母要让孩子明白：不属于自己的东西，就不能据为己有，如果你拿了别人丢失的东西，别人会非常着急和伤心。这时可以让孩子换位思考一下：比如他心爱的玩具被别的小朋友偷走时，他会有多伤心？当他们家给奶奶治病的钱被偷走了，奶奶会有多危险？此类相关的引导都可以起到很好的作用。

除此之外，还有一种更好的方法，就是鼓励孩子多参与群体活动，比如夏令营及军训等，学习与别人分享的艺术和乐趣，这对孩子健康性格的养成具有很好的作用。

另外，当孩子在街上拣到别人的物品时，父母应该立刻陪同孩子把物品交到附近的派出所或公安局。一般地，警察看到小孩子来交物品，都会很欣慰地夸赞一句，这一句夸赞就是对孩子最大的奖赏。在这种奖赏的激励下，孩子自然就会认识到拾金不昧是一种美德，进而约束自己的行为，认识到拾到东西不还是一种错误。

第三章

在生活中渗透孩子的
理财观念

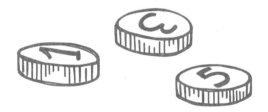

大方地跟孩子谈钱

毋庸置疑，钱对于每个人来说都是很重要的，钱决定了人们的生存状态、生活品质，所以古往今来很多人为了追逐金钱可谓无所不用其极，所以谈论金钱是很正常的事情。从家庭教育来说，父母也不必把金钱作为一个禁忌话题，完全可以大大方方地与孩子谈论金钱。不过，为了帮助孩子树立正确的金钱观，父母与孩子谈钱还是要有一些讲究。

1. 不要因为钱的问题在孩子面前争吵。每位父母都应该认识到，"钱"只是家庭日常生活一个很普通的话题之一。生活中不能缺少钱，但钱绝不是生活的全部，甚至不是最重要的。当你因为钱在孩子面前争吵时，带给孩子的伤害是非常大的，而孩子心目中对于钱的认识很可能会受到争吵内容的影响，甚至扭曲孩子对金钱的认识。

2. 要让孩子明白钱只是生存的工具之一。父母不要在孩子面前流露自己对金钱的崇拜或者夸大钱的作用，这会导致孩子对钱的误解。其实，钱不过是人生存的工具之一，它永远是人的奴仆，而不是成为人的主人。如果有人把钱当成了自己的主人或者是自己成了钱的奴仆，那常常是一个悲剧的开始。

3. 告诉孩子钱是要用劳动换来的。所谓生财有道，这里的"道"是道义，而不是靠单纯的运气和投机取巧。

4. 该花的钱不能吝啬，不该花的钱一分不花。要让孩子知道花钱也是需要技巧的，有价值的钱一定要花，而那些浪费的毫无价值的钱花一分都多。

5. 让孩子明白钱并非越多越好。告诉孩子钱本身没有实质的意义，对于一个会花钱的人来说，钱越多可以做更多的好事，而对于一个不会花钱的人来说，钱越多就越有害。

金钱是一把双刃剑，人们对金钱的态度也一直存在着两个极端：一是盲目崇拜，在这些人的眼中钱是无所不能的，钱能买到任何东西，能做到任何事情，如果用这样的思想去教育孩子，就会培养出爱财如命、过分崇拜金钱的个性；另一种态度就是谈钱色变，把钱视为洪水猛兽，这样教育出来的孩子或许会因为对金钱的恐惧而失去获取财富的能力。所以，父母在与孩子谈论金钱的时候既要肯定钱的作用，又不要过于强调金钱的无所不能，要让孩子知道世界上还有很多比金钱更宝贵的东西，而钱不过是我们生存下去的一个工具，而人永远都应该是金钱的主人，利用它做自己想做的事情。

财商智慧箴言

如果有人把钱当成了自己的主人或者是自己成了钱的奴仆，常常是一个悲剧的开始。

试着和孩子"分家"

经常听到一些家长抱怨：现在的孩子太能花钱了，见啥要啥，收入少了根本就满足不了他们的要求，做父母的真是负担沉重。

其实，根究原因，孩子之所以这样"舍得"花钱，敢花钱，有一个很重要的原因：他们觉得花的钱都是"公家"的，是父母的，花完尽可以再要，取之不尽用之不竭，没有任何后顾之忧。

针对孩子的这种心理，父母可以采取与孩子"分家"的对策，将家里的钱分成三份：爸爸的、妈妈的、孩子的。当然不是分成三等份，而要依照每个月对家庭所做贡献的大小来分配，理所当然爸爸妈妈的份额要比孩子多。而孩子所得的份额应该也是通过为家庭做贡献换来的，比如好好学习、帮父母做一些力所能及的事情都可以增加自己所得的份额。将这部分"资产"分给孩子以后，就是孩子的私有财产了，可以由他自己支配。

孩子通过自己的努力得到这些"资产"，就会体会到钱财的来之不易，而且这些钱变成了自己的私有财产，花一分就少一分，孩子就会自觉地控制自己，不该买的东西尽量不买，养成理性消费的习惯。

为了强化孩子的"私有意识"，你可以在将这部分钱给孩子的时候就告诉他：这些钱是你应得的份额，除

财商智慧箴言

孩子通过自己的努力得到这些"资产"，就会体会到钱财的来之不易，进而自觉地控制自己的购买欲望，养成理性消费的习惯。

此之外，爸爸妈妈不会再给你零花钱。你可以自己决定用这些钱买什么，但是如果你很快就花完了，爸爸妈妈不会再补给你。或者，在带孩子上街的时候，你可以在临行前对孩子说："各人带好各人的钱，想买什么都要用自己的钱。"这时孩子很可能会小心翼翼地打开自己的钱袋，数了又数，想了又想，权衡再三，最后可能会带少少的一点，或者说"我没有要买的东西，就不带了"。到商场后，可能他会对很多东西感兴趣，但是他也会努力控制自己的欲望，甚至还会喃喃自语"这个我不喜欢，这个我不需要"，节俭的习惯就这样慢慢形成了。

在这个过程中，父母一定要狠下心来，不要因为看孩子可怜而大发善心，又拿出钱来给孩子买东西，这样会直接导致"分家"策略的失败。要明白，这不是在为难孩子，而是在教会孩子理财的技能，是在为孩子未来的幸福生活做准备。

▌从故事中教导孩子理财

《金羊网—新快报》上刊登了一篇泰达荷银基金关于孩子理财的文章：从故事书中教导孩子理财。我们将原文收录在这里，希望能给父母们一些启发。

每次爸爸妈妈去出差，钱多多都会提醒说："不要忘记给我带

礼物哟！"

可是，今天妈妈去出差的时候，钱多多却没有再吵着要妈妈带礼物。妈妈觉得很好奇。

"宝宝，妈妈今天出差，你希望我给你带什么礼物呢？"妈妈问。

"妈妈，我不要礼物了。"钱多多认真地说。

"为什么呢？马上就要圣诞节了！"妈妈感到更加奇怪了。

"因为电视里说，金融危机了！爸爸告诉我，有的小朋友的爸爸妈妈会因此失业。失业了很惨的，没钱买礼物了。所以我要节约，不要浪费，要把钱存起来！"钱多多一本正经地回答。

……

原来，最近妈妈和钱多多讲了一个《不能没有礼物的圣诞节》的故事。钱多多记得特别清楚。故事里面，小熊的爸爸失业了，但是圣诞节将至，不能没有礼物。于是全家动手，布置了圣诞树，小熊还偷偷地给每个人送上了一份"圣诞礼物"……全家人过了一个虽然简朴却很开心的圣诞节。钱多多已经6岁了，对"工作""金钱"等观念已经有了一些初步的了解。他希望自己也能像故事里的小熊那样，体贴他人，而不是光为自己着想，做个懂事的好孩子。

泰达荷银建议可以从故事书中轻松教导孩子理财：

第一步：选择合适的与理财有关的故事读本，最好是故事生动的漫画绘本，内容形象直观，孩子容易阅读和理解，比如《不能没有礼物的圣诞节》《一片比萨一块钱》等。这些书中都会涉及"钱"的概念，可以通过这些书来增加孩子对"钱"的认识，培养正确的金钱观。

第二步：安排一个时间，和孩子一起看书，在孩子兴致很高的时候，与孩子交谈书里的内容。比如看《一片比萨一块钱》这本书时，家长

财商智慧箴言

父母可以通过故事书来增加孩子对"钱"的认识，培养孩子正确的金钱观。

可以和孩子讨论"钱是什么""钱是怎么来的""一块钱可以买到什么"之类的有趣话题。而看《不能没有礼物的圣诞节》这本书时，家长可以提问孩子："小熊的爸爸为什么没有钱给他们买圣诞礼物了呢？"通过孩子的回答，告诉孩子，"钱"是爸爸妈妈辛苦上班挣来的，来之不易，所以我们花钱要节约，不要浪费。

第三步：等孩子对"钱"的概念有了初步的理解后，可以通过故事书中延伸出一些小游戏，通过共同完成这些游戏，来进一步帮助他建立正确的财富观念。如通过"逛超市"游戏，来培养孩子如何用钱交易；通过"大富翁"游戏，来引导孩子理解怎么挣钱，又该怎么花钱，什么是"储蓄"以及"消费"和"投资"的区别等更深奥的话题。

泰达荷银指出，年轻父母应注意的是，在和孩子进行有关钱的沟通时，一定要注意方法和语气，要让孩子感受到父母对他的关爱，让他在认识钱的同时，体会到人情比金钱更可贵的道理。

利用小机会教孩子理财

培养孩子的理财技能并不是一件困难的事，生活中总是会有很多小机会，只要父母多多留心，就能抓住这些教孩子理财的好时机。

下周就是遥遥7岁的生日了，妈妈问她想要什么礼物，遥遥想了想说"妈妈我想在比萨店过生日，请小朋友们一边吃比萨一边玩，多好啊。上次豆豆生日是在麦当劳过的，小朋友都说豆豆真大方，都很羡慕他呢。"

妈妈一听，这孩子是想和豆豆攀比呢，可不能助长她这种心理。于是妈妈对遥遥说："宝贝，其实生日在哪过并不重要，只要跟你喜欢的人一起过就很有意义。我们可以选一种独特的方式来度过生日，这样更能给小伙伴留下深刻的印象。"

"什么独特的方式呢？"遥遥不解地问。

"你可以自己做主人，在家里好好款待小朋友啊。"妈妈回答。

遥遥想了想："好的，就这样吧。"

遥遥妈妈及时发现了孩子的不良心理，并利用这个机会给孩子上了一堂理财课。

如果父母们遇到类似情况，可以效仿遥遥妈妈的办法给孩子提供更多可选择的意见。如果孩子喜欢小动物，可以建议孩子在动物园度过生日；如果孩子喜欢运动，和小伙伴一起来一场体育比赛不是和很有意思吗？如果孩子比较大了，父母也可以给他多一些的自主权利，比如给孩子规定一个开支的限度，让他自己决定用怎样的方式来庆祝，而且整个过程也都交给他来安排，锻炼孩子独立能力的同时让他学会做预算。

"妈妈，我想要这个。"超市里，灵灵指着一个超大号的毛绒玩具对妈妈说。

"灵灵，这个玩具很贵。而且，你已经有很多玩具了。"妈妈有点不耐烦。

"妈妈，是不是我们家很穷，买不起这个玩具？"灵灵的问题又来了。

"不是，只是妈妈的预算中没有要买这个玩具的想法。"妈妈回答。

"预算？什么是预算？"灵灵的注意力转移到这个词上面。

听到灵灵这样问，妈妈想：不妨就利用这个机会跟她讲讲什么是预算，也好让孩子明白花钱是要有计划的。

《钱不是长在树上的》一书的作者尼尔·古德弗雷说：家长一定不要对孩子在金钱问题上说谎。比如，你不想给孩子买他们想要的东西时，可以说"这个月我没为这样东西做预算"，或者直接告诉他"我不准备买这东西"，而不要用"我们买不起"作为搪塞的理由。因为你要在孩子面前表现出，你在控制金钱，以帮助他树立起对金钱的健康态度，就像灵灵妈妈的做法。所以，当孩子向妈妈提要求想买什么的时候，不要一味回绝，或许这正是个教孩子理财的好机会呢。

古德弗雷说："孩子们开始时通常不能理解为什么一定要这么做，但是你得帮助他们养成良好的习惯，这对今后的人生至关重要。"

在孩子面前"算算账"

杨百翰大学家庭金融学教授克雷格·伊雷尔森博士提醒父母们，应该让孩子对日常生活用品的价格有个概念，不管买的是玩具，还是 T 恤衫。而且，家庭经济状况是一个很好的聊天话题。

父母们可以在孩子面前算算经济账，跟孩子聊聊家里有多少钱，打算怎么支配。比如多少钱是生活费，多少钱用来储蓄，多少钱用来买股票或者基金，多少钱作为孩子的教育费用等。对于年纪小的孩子来说，可以采用更简单的方法来处理：只计算当天的账目，即将每天中的开销从预算中减去。

财商智慧箴言

最聪明的做法是，不光要指导孩子如何做预算和省钱，还要知道如何聪明地花钱。

但是很多父母会说：有预算又怎样？我们还是会经常买一些不在预算范围内的东西，比如孩子的文具，比如商场打折的很有诱惑力的东西。其实，这是很正常的现象，但作为父母应该对孩子解释清楚，买打折的东西是因为这样东西比平时便宜很多，这时买很划算。而像孩子的文具等则是生活必需品，是一定要买的。

美国蒙大拿州立大学家庭经济学专家马莎·吉奥廷博士就说：最聪明的做法是，不光要指导孩子如何做预算和省钱，还要知道如何聪明地花钱。这也是我们在孩子面前"算账"的目的。

▌不要给孩子太多

一项调查显示，1984年，4～12岁美国儿童花了42亿美元；2004年，他们花费了350亿美元，为20年前的8倍。2004年，他们影响家长购物的总额已达到了6700亿美元，超过了2005年美国全年军费4175亿美元。

儿童市场经济权威、波士顿学院经济系专家朱莉叶特·肖尔在她的新书《儿童市场》中写道："今日美国儿童在家庭购物方面所享有的决策权，在历史上是空前的。今天的美国老板一想到儿童便会眉开眼笑，因为他们知道儿童意味着不尽财源滚滚而来。"

由此可见，不仅是中国的父母，美国的父母同样被孩子的消费需求所困扰。但是，家长给孩子花多少钱才算合适呢？这是一个值得思考的问题。

有一部分人认为：多给孩子买一些东西并不算什么，而且购物是表达亲情以及父母与子女沟通的很好的方式。《商标国家》一书作者詹姆士·特威特切尔就认为："我们这代人长大的环境是：人们的社会地位是在娘胎里就决定好的，人们十分在乎你的肤色、种族、宗教信仰。但是在当今这个商标社会里，人们看人主要就是看他的消费，这很现实。"现在很多父母忙于工作，他们与孩子沟通的方式就是通过电话和购物，所以有些上小学的孩子就有手机，而父母也总是用购物作为对孩子的补偿。这些孩子手里也从不缺钱，总是不能陪他们的父母会给他们足够的钱，以供他们自己支配。

财商智慧箴言

"沉溺于消费主义"的儿童更易焦虑、失望、缺少自尊、更多抱怨、与家长关系不和睦等。

但是也有人对此持反对意见。《快餐国家》一书作者埃里克·施洛瑟指出："20 世纪 90 年代，好多家长认为给孩子多买东西，会使孩子幸福，这些想法有一定道理，但是，肖尔有关'儿童—媒体—消费文化'的最新调查表明：'沉溺于消费主义'的儿童更易焦虑、失望、缺少自尊、更多抱怨、与家长关系不和睦等。因为这类孩子经常自问，别人有了，我为什么没有？"作家爱德华·霍洛威尔则指出："给予孩子们太多是家长们一个最大的失误，这会造就总是对物质生活感到不满足的一代。"据最新调查显示，有 70% 的美国家长认为自家孩子太想买东西了。

"新美国梦中心"创建者贝特西·太勒的观点则比较中立，他说：对于大多数人来说"给孩子买多少才算合适？"这是一个实践、认识的过程，没有绝对答案；太多太少都无益。重要的是，父母要让孩子懂得什么是该买的，什么是不该买的，什么是他们应该拥有的，什么是奢侈品或者不适合他们现在使用的。即使经常没有时间陪孩子，也应该尽量关心孩子的学习和生活，了解孩子对钱的支配，而这些是只要父母多一点留心就可以观察出来的。

总之，为了孩子能够拥有独立成功的人生，父母最好还是遵循一个适度原则，不要给孩子太多。

▌别把金钱作为孩子的奖罚手段

现在，很多父母会用钱作为奖罚孩子的手段，比如：考100分，奖励50元；考到95分，奖励30元；考到90分，奖励10元；或者将金钱奖励换成物质，考到多少分就满足孩子一个愿望，达不到标准就扣多少零花钱等。孩子如果达到标准，父母会非常高兴地掏腰包，甚至还会额外地带孩子下馆子；如果达不到标准，父母就会把脸拉下来，接着就是训斥责备，讽刺挖苦，久而久之孩子对这样的奖罚策略也不敏感了，学习还是不见起色。

我们不能说父母的这种奖罚手段没有任何效果，金钱对孩子具有一定激励作用。但是，对于学习好的孩子，即使父母不给钱，对孩子也不会有太大影响。而对于学习不是很好的孩子来说，虽然他很想得到奖励，但学习好坏不是朝夕之间就能改变的事情，孩子即使非常努力，可能也达不到父母的要求，难免会灰心丧气，或者为了得到奖励，有的孩子还可能会用修改分数等手段来蒙骗父母。

所以，用金钱作为孩子的奖罚手段应该有所区分，不能只看学习好坏，分数高低，还应该考虑孩子的年龄特点及其成长规律。对于年龄较小的孩子，金钱可能是一种有效的激励手段，而随着孩子慢慢长大，父母不应该再把钱作为主要的奖惩方式，而应该着重培养孩子的理想、抱负，关注孩子的人格教育。

另外孩子学习的好坏还有学习方法的问题，从长远来看，父母应该将注意力放在培养孩子正确的学习方法方面，而不是单纯地进行金钱鼓励。即使将金钱作为一种辅助的激励手段，也要注意引导孩子如何花钱。

财商智慧箴言

巨大的财富对于一个不惯于掌握钱财的人，是一种毒害，它侵入他的品德的血肉和骨髓。

其实，在孩子的教育过程中，用什么方式进行奖惩没有固定的标准，每个孩子都有独特的个性，父母们应研究孩子的表现情况和心理状态，创造适合孩子的教育方式，才能收到良好的效果。

给孩子独立决策的权力

中国的父母对孩子总是不放心，恨不得什么事都替孩子决定，买什么东西、上什么学、从事什么样的工作……其实，孩子有自己的想法和意愿。在购物方面，父母通常只能控制3岁以下孩子的购买行为，随着孩子

的成长，对物品有了自己的感觉，就会要求按照自己的意愿来选购。这时，父母应该适当放权，给孩子独立决策的权利，锻炼孩子拥有独立处理事情的能力。所以，当孩子有独立需求的时候，父母千万不要压制，一定要鼓励，要相信孩子的眼光。

爱因斯坦说过："发展独立思考和判断的能力，应当始终放在首位，而不应当把取得专门知识放在首位。"当前发达国家已经把培养幼儿的思考能力放在教育的首位，鼓励孩子进行创造性的思考，独立解决问题，自己做出决定，这对孩子的成长具有举足轻重的意义。

我们也应该让孩子早一点养成独立思考的能力，拥有自己的见解，少跟孩子说"记住妈妈的话"之类的，让孩子学着说："我认为……"，这不只是语言上的一种差别，其本质上代表着孩子拥有了独立的思考能力与观点，是孩子成长过程中思维和判断能力的进步。

我国的教育思想还停留在"听妈妈的话就是好孩子"的层面，这就在一定程度上限制了孩子自主意识的发展，在很多事情上都要按照父母的意见进行，而没有进行独立的思考。而要培养孩子独立决策的能力就要让孩子学会说"我认为……"，鼓励孩子说出自己的观点和认识，表达了自己的想法和做法，只有先在观念上有所突破，才能有独立的行为。

所以，当父母带孩子购物时，可以问孩子需要什么，然后让孩子自己去挑选，只要孩子挑选的物品基本合理，家长就不要横加干涉，而应该给予孩子信任与鼓励。如果孩子选择的物品有些贵或者不是非常实用，父母也不要责怪孩子，而是给孩子解释最好不要选择这个物品的理由，这样更能加深孩子对合理消费的体会，也是非常好的理财教育方法。

让孩子学做金钱的主人

《穷爸爸富爸爸》的作者罗伯特·清崎曾说：有了财商，一个人才会大气，视野才会宽阔，出手才会慷慨，在追求财富的过程中才会站得高、看得远。财商就是一个人懂得如何支配金钱，做金钱的主人，让金钱为自己服务，而不是沦为金钱的奴隶，凡事都围着钱转。父母在培养孩子的理财技能时，就要帮助孩子树立正确的消费观和理财观，培养孩子的社会责任感，让孩子熟悉、掌握基本的金融知识与工具，更好地利用金钱来为自己服务。使孩子能够适应未来的经济生活，及早具备独立生活能力。

父母在培养孩子的理财技能时，一定要循序渐进。在孩子很小的时候，父母就要告诉孩子，不能自己想要什么就要什么，必须有所取舍。当孩子到六七岁时，父母就可以让孩子学习简单地找零，能点数目很多的零钱；稍大一点时，要帮助孩子认识标价以及找打折物品；到八九岁时，要让孩子学会存钱，父母可带着孩子去银行开账户，把孩子的零花钱定期地存入账户。12岁时，孩子基本就有能力管理自己的零用钱了，这时就应让他意识到为得到某些东西而储蓄是很重要的。

财商智慧箴言

财商就是一个人懂得如何支配金钱，做金钱的主人，让金钱为自己服务，而不是沦为金钱的奴隶，凡事都围着钱转。

但是，如此一来，可能有一些孩子在使用钱的时候会变得过于谨慎，甚至连正常的开支都不想花钱了，而是拼命地把钱存入自己的账户。父母要提防孩子的这种倾向。一个人只一味地存钱，而不去合理地花钱，最终会走极端，成为一个不会生活的守财奴。所以，父母最好不要把孩子"独立"账户中金额的增减当作评判其理财好坏的唯一标准，而是结合孩子的消费是否合理来衡量其理财的好坏。

每个孩子的成长过程，其实就是一个不断学习的过程，做父母的平常要把自己生活中涉及金钱方面的经验告诉孩子，让孩子能够在以后从容面对类似的问题。在对孩子进行理财教育时，首先要教育孩子成为金钱的主人，不要成为金钱的奴隶。要让孩子明白，只有人来主宰金钱，不能让金钱主宰人。这样，孩子就能合理地运用金钱来为自己服务，使自己将来的生活更幸福。

第四章

利用零花钱来教孩子理财

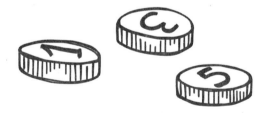

东西方不同的零花钱理念

在《再富也要苦孩子》一书中列举了一组数据，有关部门曾做过一份跟踪调查：在某县城小学的一个班共有小学生54人。2019年全班收到的压岁钱共有90000多元，人均收到的压岁钱差不多2000元，其中最多的一位竟收到了11000元，最少的一位也有450元；2020年该班收到的压岁钱是170000余元，人均收入超过3000元，最多的一个学生达18000元，最少的一位是600元；2021年该班学生共收到压岁钱是200000多元，人均收入将近4000元，最多的一位收入有21000元，最少的一位收入也有700元。而这所学校所在县城的居民收入与全国城镇居民平均收入相比，只能算是接近中等水平。

这些数据让我们看到中国父母对于孩子非常慷慨，可以说每一对父母都是在为孩子活着，他们努力工作挣来的钱也都是为了给孩子更好的生活，但在这种环境下成长的孩子却缺少了一些独立的能力。而相对来说，西方父母对孩子的教育方式更值得我们学习。

在美国，父母给孩子提供的零花钱都是有偿的，孩子要承担相应的家庭杂务的责任。如果孩子能够完成一些本来需要雇人来完成的家庭杂务，父母就会付给孩子一笔额外的"收入"。这笔额外的收入不仅会使孩子们了解到劳动与报酬的关系，还会增加他们劳动的乐趣。

在英国，据报纸推销站联合会统计，全英约有 50 万送报童。稍大一些的中学生打工也是寻常现象。一位英国人说："孩子打工挣零花钱，父母都不反对，甚至还鼓励。一则可节约一些开支，更重要的是让孩子知道钱必须用劳动去换取。"

在加拿大，为了培养儿童的劳动兴趣，绝大多数家庭不给儿童零花钱。从孩子六七岁起，他们就有意识地让儿童做一些打扫卫生、送报刊信件、为商店设小摊代售饮料或小商品等事，以养成他们通过劳动取得报酬的习惯。

在日本，许多学生则利用课余时间，在饭店洗碗、端盘子，在商店售货，或照顾老人、做家教等，通过劳动挣零花钱。

这些做法在中国是很少见的，绝大多数中国孩子都是从父母手里领取

> **财商智慧箴言**
>
> 谁在平日节衣缩食，在穷困时就容易渡过难关；谁在富足时豪华奢侈，在穷困时就会死于饥寒。

零用钱，很多孩子到大学毕业都没有参加过社会实践，甚至在大学毕业后很多人因为找不到合适的工作还在从父母手里拿钱。很多孩子在家里也很少做家务活，过的是饭来张口衣来伸手的生活，这就导致他们获取的金钱与付出的劳动之间失去了必然的联系，所以很多人进入社会以后还缺乏应有的独立能力，总是希望

不劳而获或者付出较少的劳动获得较多的报酬，从而屡屡受挫。如果从小时候，父母就对他们进行劳动获取报酬的教育，并让孩子积极参与各种社会实践，结果肯定是大有不同的。

所以，父母们不要对孩子太过"慷慨"，适当地"吝啬"一点，才是给孩子莫大的财富。

让孩子学会支配零花钱的 10 个好习惯

孩子理财中很重要的一项就是对零花钱的支配，有人总结了让孩子学会支配零花钱的 10 个好习惯，父母可以以此为参考，有意识地教导孩子。

1. 教孩子妥善保管自己的零花钱，不要随便乱放。

2. 未经允许，不能随便拿父母的钱。帮父母买东西时，找回的零钱应及时上交。如果买了需要的东西，要跟父母说明。

3. 零花钱怎么花要有安排，不能只买一些没用的玩具和零食。

4. 零用钱可以用来买一些有益的课外书，但不能买来就扔在一边根本不看。

5. 零用钱不可以用来去网吧玩游戏或做一些有害无益的活动。

6. 零用钱可以用来救助那些急需帮助的人。

7. 如果需要用钱而恰好自己没带的时候，可以先向老师或同学借，然后及时归还。

8. 应牢记家长赚钱不易，不可以用零花钱攀比。

9. 用自己省下的零花钱为家长或师长买能代表自己心意的礼物。

10. 学会记账，记录自己的零花钱都用来买了哪些东西以及那些东西的价格。

这些习惯都是家长在教孩子支配自己的零花钱时应该注意的，但我们不提倡用硬性规定的方法。习惯是需要慢慢培养的，只要家长有意识地去引导，相信很快就会变成孩子自觉的行为，这时理性的消费习惯也就形成了。

孩子的零用钱应该怎么给

现在的父母都会在孩子到了一定年龄的时候给孩子一些零花钱，由于每个家庭的情况不一样，父母给孩子零花钱的时间、方式、数量也有很大不同。但这其中也有共性的问题，那就是：孩子的零花钱应该怎么给，给多少才合适，是否应该限制孩子如何花零花钱等，这些问题处理得好不好，关系着孩子能否合理支配零用钱，能否养成良好的理财习惯。

首先，何时开始给孩子零花钱。关于这个问题，儿童心理学家认为，儿童在小学四年级就应有支配零花钱的权利。这时，钱能换物的理财理念在孩子头脑中已经形成。同时，随着孩子的成长，脱离父母独立生活的时间相对变长，在相对独立的时间段，孩子有可能面临一些需要花钱的事情。在这个年龄，孩子也开始能计划将来的事情，并有了一定的自我克制能力。这时，父母可以适当地给孩子一些零花钱供其支配。

其次，孩子的零花钱应该给多少。这个问题很重要，零花钱不能随要随给，最好定期发放。零花钱也不宜过多，过多的钱会导致孩子花钱大手大脚。那么，到底每月给孩子多少零花钱比较适宜，父母可以从以下几方面寻找依据：

◦◦◦◦◦◦ 财商智慧箴言 ◦◦◦◦◦◦

金钱是被铸造出来的自由。

* 了解同城、同校、同年级学生大体的零花钱水平，给孩子的零花钱数额最好维持在平均水平左右。

* 了解孩子经常会有哪些方面的正当消费以及这些消费项目大概需要多少钱。

* 根据孩子的年龄及成长，确定不用的零花钱标准。

最后，教孩子制订理财计划。父母在给孩子零花钱的同时，应对零花钱的使用加以引导，帮助孩子制订消费计划，让孩子对什么样的钱该花什么样的钱不该花建立正确的判断标准。消费计划应包括用钱的数目、时间、详细的用途等。在孩子比较小的时候，父母可以和孩子一起商量，尽可能多地考虑孩子对这些钱的支配意见。待孩子年龄稍大，可以独立拟定计划时，不妨让孩子自己拟定消费计划，父母则起到监督作用，看孩子的消费是否在按照计划进行，并进行总结提出改进意见。

让孩子明白家里的财务状况

很多父母不愿让孩子了解家里的财务状况，一方面是觉得孩子还小，怕他了解不了；另一方面是怕过多地接触钱的话题，孩子会变成一个俗气的"小财迷"。其实让孩子了解家里的财富状况有很多好处，有利于培养孩子的理财意识，孩子知道家里并不富裕，还会有意识地限制自己的花销，养成节俭的习惯。

张眉和丈夫都下岗了，日子一下子拮据起来，但是他们为了不影响孩子的学习，没有把这些事告诉孩子。快过春节了，家里的钱已经不多了，张眉还在和丈夫发愁以后的生活怎么办时，儿子又来要零花钱了，开口竟然是一千元，说好几个同学都买了新款的耐克鞋，他也想买。张眉没有直接拒绝儿子，只是跟他好好谈了一下家里的经济状况。后来，已经读初二的儿子开始处处节省，再也不像以前那样和同学攀比了。

从上面的例子我们可以看出：让孩子明白家里的财务状况有利于培养孩子正确的理财观念。中国的孩子到一定年龄一般都会有自己的零用钱，每到春节还会有一笔压岁钱。这些钱一般都是由孩子随意花用，或者由父母代为安排。身为父母，许多人自己粗茶淡饭，但对孩子有求必应，有意无意地养成了孩子花钱大手大脚、盲目攀比、无节制消费等恶习。而在美国，则是通过理财教育，让孩子生活在一种具有强烈理财意识的环境中，对自己的零花钱做出合理、合情的计划与安排，逐渐养成善于理财的品质和能力。尽管社会背景家庭条件有别，但向孩子们传授一些如何认识金钱、如何使用金钱的常识，让他们树立理财意识，而不是没钱了向父母伸手，有了钱便胡花乱用，都是十分迫切和必要的。

让孩子了解家里的财务状况，还有利于培养孩子的责任感、义务感和自我控制能力。家庭富足也好，贫穷也罢，要让孩子知道"天上不会掉馅饼"，要想有钱，就得辛勤付出；跟父母要钱，要养成节约的习惯，懂得父母的辛苦，学会控制自己。对于那些并不富裕的家庭来说，尤其要让孩子懂得，父母的钱来之不易，不要和别人攀比。实际上，许多孩子花钱如流水的恶习，都是由于父母不尊重孩子对家庭经济状况的知情权，或者对孩子过分放纵造成的。如果早点像例子中的张眉一样告诉孩子家里的实际状况，很多孩子还是会幡然醒悟，逐渐养成良好的消费习惯。

财商智慧箴言

贫穷不会磨灭一个人高贵的品质，反而是富贵叫人丧失了志气。

所以，不要给孩子制造"繁荣富足"的假象，不要以为这就是爱孩子，将家里的经济情况对孩子坦诚相告，培养孩子正确的金钱观念和良好的消费习惯，这才是对孩子真正的爱。

引导孩子正确支配零用钱

零花钱给到孩子手中，就是属于孩子的了，父母应该给孩子支配零花钱的权力，但这并不意味着父母就可以完全放手了，更不宜横加干涉，而应该给孩子正确的引导，帮助孩子学会理财，逐渐养成良好的消费习惯。

首先，父母应帮助孩子树立正确的消费观念，制订合理的消费计划。

所谓零花钱，就是可以由孩子个人自由支配消费的钱。有些孩子认为，父母给了零用钱，就是让随便花，教师、父母用不着多过问。这种想法是不对的，父母应该告诉孩子他还没有赚钱的能力，他花的钱都是父母辛辛苦苦赚来的，不能浪费不能乱花，消费要有一定的计划性，不能盲目冲动，想买什么就买什么。

财商智慧箴言

人生的道路上充满险阻，如果没有艰苦朴素、勤俭节约的精神，就不能承担未来的重任，不能适应人生的曲折。

制订消费计划时，父母可以跟孩子一起商量，充分考虑孩子的要求，给出建议和参考意见，让孩子买更实用的更适合自身的东西。

消费计划建议包括：用钱的数目、时间、详细的用途（如给自己购买的玩具、学习用品等，节日给父母及其他长辈购买的小礼品，帮助经济上有困难的小朋友等）。消费计划一旦制订，就一定要按计划执行，父母要定时进行小结，起到监督的作用。

其次，教会孩子用合理的方式向父母提要求。

有些娇惯的孩子在要求不被满足时，习惯用哭闹、躺到地上打滚或踢打父母来解决问题。面对这种孩子，父母首先应该改变对孩子过分娇惯的教育方式，告诉孩子跟父母提出要求时应该用合理的方式，否则即使要求本身是合理的也不予满足。

再次，教孩子记账。

这是最基本的理财技能。可以让孩子设立个人记账本，记下每天花了多少钱，都买了什么。这样一方面能让孩子更清楚地了解自己零花钱的去向，检查哪些花销是合理的，哪些是可以避免的，改变盲目消费的坏习惯；另一方面，记账本身就是一种重要的生活技能，掌握这种技能对自己长大后的生活也是有益的。

最后，培养孩子勤俭节约的生活习惯和储蓄习惯。

现在生活水平提高了，很多孩子认为艰苦朴素、勤俭节约的年代已过去了。父母应告诉孩子虽然现在生活好了，但还有很多落后地区的孩子生活很艰苦，甚至吃饭都困难。如果每人少花一元钱，积攒起来就能帮助别人。还要鼓励孩子养成储蓄的好习惯，并设立简单的奖惩制度。如果孩子将一部分零花钱节省下来进行储蓄，父母可以对孩子进行适当奖励；如果乱花钱的现象还是比较严重，就可以通过扣除一部分零用钱的方法来表示惩罚。

给孩子自由支配零花钱的权力，教孩子养成合理消费的好习惯是孩子学会理财的开始，父母作为孩子的第一任老师和孩子身边的"理财专家"，一定不能忽略孩子理财技能的培养。

孩子的零花钱不到月底就花光怎么办

很多父母都会有这样的困惑，给孩子一个月的零花钱，可还不到月底就被他花光了，该怎么办呢？不再给了怕孩子真有用到钱的地方，再给又怕养成他乱花钱的习惯，真是左右为难。

其实，遇到这种情况，父母首先应该弄清楚孩子这么快就把零花钱花光的原因，然后再决定如何解决问题。如果孩子把零用钱用在了买参考书或者学习用品上面，父母可以适当地再给孩子一些零花钱，并告诉他这样做的原因是他没有把钱花在不该花的地方，以免让孩子误以为零花钱花完了就可以再跟父母要。

如果发现孩子的零花钱是花在买零食、买玩具上或者跟朋友一起玩等方面，父母就应该严厉一点，硬起心肠，在下个月之前不再给孩子零花钱，让孩子体会一下没钱消费的窘迫，促使他养成合理消费的习惯。

> **财商智慧箴言**
>
> 既会花钱，又会赚钱的人，是最幸福的人，因为他享受两种乐趣。

但是，如果孩子在月底前的一段时间里还会有一些必要的消费，如买午餐、坐公车的花销等，父母可以用借贷的方式，先给孩子预支一部分下个月的零花钱，预支的部分从下个月的金额中扣除，或者分几个月慢慢扣除。而且，要向孩子收取一定的利息，比如借50元，按照还款期限的不同，要还55或者60元。要学习银行的做法，将每个月的还款金额还款日期写在纸上，在还款期到达的前几日提醒孩子，如果在约定的期限内还不上还要追加利息等。

父母这样做是为了提前让孩子感受借贷消费，这是一项很好的理财训练。现代社会越来越提倡"花明天的钱圆今天的梦"，借贷消费已经渗透到了生活中的很多领域，信用卡消费、分期付款、按揭买房买车等。孩子长大后可能会遇到很多需要借贷的情况，毕竟没有哪个父母会希望自己的孩子将来债务缠身疲于应付。因此，提前让孩子了解借贷，感受经济社会的规则，未尝不是一件好事。

如何对待孩子的压岁钱

按照中国的习俗，每年春节，孩子们都会收到压岁钱，以前生活水平低，人们给孩子的压岁钱少则几角，多则几元，孩子买几次零花就花掉了，根本不用理财。但现在生活水平提高了，孩子的压岁钱也越拿越多了，很多孩子一个春节拿到的压岁钱比父母一个月的工资还多，甚至多达数万元。对于如此大的金额，孩子还不具备独自理财的能力，父母应该帮助孩子进行合理支配。

目前，父母处理孩子压岁钱的方式多为以下几种。

一、一律没收

有的父母认为孩子收到别人的压岁钱，自己也要给别人的孩子压岁钱，这是礼尚往来。所以，孩子的压岁钱应该交给父母用来给别人的孩子，这是理所当然的。

二、由孩子自由支配

有的父母认为孩子的压岁钱就由他们自己支配，想买什么就买什么好了，反正也不是很多，几百元钱而已，就当给孩子的零花钱了。

三、给孩子留下部分，其他父母代为保管

对于稍大一些的孩子，很多父母会采用这种处理方式：一部分由父母支配，另外一部分留给孩子作为零花钱，培养孩子的理财能力。

四、帮助孩子将压岁钱存入银行

有的父母会将孩子收到的压岁钱以孩子的名义开个账户存入银行，作为孩子将来的教育费用。

这几种处理方式有利有弊，针对这个问题，专家给出了更加科学合理的建议。

首先，要根据孩子的年龄决定压岁钱该怎样处理。

父母处理压岁钱的方式，应该根据孩子的年龄段而有所区别。总的说来，孩子的年龄段可以分为三个阶段，处理压岁钱的方式也相应地分为三种。

第一阶段是6岁以下的儿童。这个年龄段的孩子对钱没有太多的认识，所以这个阶段孩子的父母，应该将孩子的压岁钱代为保管，或者存到银行作为孩子未来的教育基金，或者给孩子购买保险，或者留着贴补家用等。

第二个阶段是 7 ～ 13 岁的孩子。这个阶段的孩子已经开始了解钱的意义，愿意持有钱。对于这些孩子收到的压岁钱，父母不能随便没收和充公，可以教孩子处置压岁钱，比如带他们去把压岁钱存入银行，或者带他们用压岁钱去书店买书，或者将压岁钱捐赠给福利机构等。

第三个阶段是 13 ～ 18 岁的青少年。这个年龄段的孩子对于金钱非常敏感，持有压岁钱的欲望也非常强烈，他们甚至认为压岁钱是他们赚来的，应该由他们自己支配。所以，对于这个年龄阶段的孩子，父母应该尊重他们对压岁钱的支配意愿，注意引导，并且可以和他们商量怎么使用压岁钱，切忌放任不管。

其实，孩子的压岁钱并不难处理，只要掌握了正确的方法，压岁钱完全可以成为对孩子进行理财教育的良好契机，这对孩子将来的成长有着重要的作用。

第五章

教孩子如何管理自己的"小金库"

鼓励孩子开始储蓄

在理财能力中，很重要的一部分内容就是储蓄，父母不仅要教会孩子怎样合理消费，更要培养孩子储蓄的好习惯，如果一个人只懂得消费而不懂得储蓄，那他永远都无法积累财富。

理财专家建议，在孩子小的时候，父母就应该指导孩子掌握基本的金融知识与工具。从短期效果看这可以养成孩子不乱花钱的习惯，从长远来看，将有利于孩子及早具备独立的生活能力。

孩子的储蓄意识，应当从小开始培养，在这过程中，父母的作用至关重要，要积极鼓励孩子开始储蓄，当然也要讲究一些方法。比如孩子想买一个大约 30 元的玩具，你可以跟他说："宝贝，妈妈想让你自己来买这个玩具。你可以每天节省一点零花钱，等攒够钱咱们就来买这个玩具，好吗？"这就可以鼓励孩子萌发储蓄的观念。而且，让孩子用"自己攒的钱"得到这个玩具，会比轻而易举地从父母处得来更加珍惜，还可以懂得积少成多的道理。

其实这种方法就是"吃蛋原理"的灵活运用。

一个人家里养了一只母鸡，这只母鸡每天为他下一只鸡蛋。

对于这只鸡及其下的蛋，他有三种选择：

1. 坚持每天吃一个蛋（收支平衡）。

2. 每天吃一个蛋总感到不过瘾，有一天狠下心杀了母鸡吃掉（透支消费）。

3. 先不吃鸡蛋，等到第十天有了 10 只鸡蛋时，把它们孵成小鸡。假如其中死掉 20%（2 只），成活了 4 只公鸡，4 只母鸡；过了一段时间，4 只小母鸡再加上那只老母鸡每天总共能产 5 只蛋，这时，仍然不急于吃鸡蛋，等到第十天时，便有了 50 只鸡蛋，再把这 50 只鸡蛋孵成小鸡。如此循环往复数月，让这些母鸡每天产蛋达到 1000 只，这时候，主人即便是每天吃 5 只鸡蛋也没有什么影响了。

但是，毕竟孩子和大人不一样。孩子的耐心是有限的，至多只能维持 3 个星期左右，时间太长会使孩子感到灰心，失去存钱的兴趣。所以，父母为孩子制定的目标应该是短期内就可以实现的。

美国有一本畅销书《钱不是长在树上的》，这本书的作者戈弗雷在谈到储蓄原则时指出：孩子们可以把自己的零花钱放在 3 个罐子里。

第一个罐子里用于日常开销，购买在超级市场和商店里看到的"必需品"；

第二个罐子里的钱用于短期储

蓄，为购买"芭比娃娃"等较贵重物品积攒资金；

第三个罐子里的钱则长期存在银行里。

父母鼓励孩子开始储蓄，应该从第二个罐子做起，教孩子管理好自己的第二个罐子。

培养孩子存钱的习惯

当孩子手里有一些钱，如何让他储存起来而不是花掉去买一些毫不实用的东西呢？这就要让孩子养成存钱的习惯，我们这里就给各位父母提供几条培养孩子存钱习惯的妙计。

一、及时储蓄

有时我们发现，如果一笔钱不及时储存，就会慢慢花得没有储存的必要了。所以父母要帮助孩子及时把钱存起来。在孩子 3 岁的时候，父母就可以和他在家里玩存钱游戏，让孩子把钱存在自己的存钱罐里。到孩子 5 岁时，父母可以在家里成立"银行"，父母便是银行的工作人员，鼓励孩子把钱存在家里的"银行"里，给孩子一张手写的存折。孩子再大一点时，就可以由父母带着一起去真正的银行开个账户，让孩子养成第一时间把钱存起来的习惯。

二、用动力激励储蓄

当孩子希望得到某种东西时，你可以把那个东西变成一张图片，贴在孩子经常可以看到的地方，让他每天能够看到自己的目标，这样孩子的储蓄热情就会大大增长。为了很快得到自己想要的东西，他会很自觉地积极储蓄。当孩子通过储蓄的方法实现愿望后，他就会发现储蓄的好处，而且更懂得珍惜自己所拥有的。

除此以外，父母还应实施多重激励办法，帮助孩子坚持储蓄。如每当孩子储蓄 1 元钱，父母也同时存入 1 元钱，使他得到双倍的金钱。而且，当年终的储蓄达到一个指定的金额，便可以获得一定的奖金，储蓄额越高，奖金额也越高。

比如，孩子每年储满 500 元，就可得到 100 元奖金；储满 1000元，得到 250 元……

三、让孩子体会钱的来之不易

有些孩子对钱多少的概念很淡漠，手里即使有 100 元也可能一会儿就花光了，当你教会孩子把一角一元的钱储存起来的时候，他就能体会到钱的来之不易，从而更理解父母赚钱的辛苦。

四、合理地花钱

如果你已经开始给孩子零花钱了，就应该提醒孩子总是少带些钱在身上，并且在花钱之前想一想这些东西该不该买，而且父母还需要适当监督孩子零用钱的支出，并对其做出评论，这些钱花得是否正确、合理。并且提醒孩子每天节省下一些钱存起来，待存的钱达到一定数量，可以用来买一件自己需要的东西。

　　培养孩子存钱的习惯是需要在生活中慢慢灌输的，开始的时候可能收效甚微，但是父母一定要有耐心，坚持下去，因为任何一种习惯的形成都需要一段时间的培养，而一种习惯的形成，会影响孩子的一生。

带孩子去银行开个账户

　　到孩子六七岁的时候，父母就应该鼓励他们将自己存钱罐里的钱拿到银行存起来。在孩子把钱存入银行之前，有些概念是应该先向他们解释的，如什么是银行，为什么要把钱存到银行，为什么存款会有利息等，让他们慢慢学习开户、存款、提款的流程；然后再让孩子决定，打算把多少钱存入银行，到底是储蓄罐内的所有还是其中的一部分。

　　到达银行的时候，父母可先向子女介绍银行的环境，例如银行的办公时间、门外的自动提款机等，然后正式开设第一个储蓄账户。孩子要成为银行的客户，需要填写一份申请表，这点可由父母帮忙。当孩子收到银行的存折后，父母应该向他们解释清楚，存折内各项的细节，每一笔存款及提款的资料，及最后一行的余额等。

当孩子拥有储蓄账户后，还有一点要向他解释清楚，那就是利息的定义。父母可与孩子做一些模拟的计算，让他知道当钱放在银行之后，是会越变越多的，这对孩子无疑更有推动力，愿意把更多的钱存进银行的储蓄账户了。

平时，父母去银行办理业务时，也可以带上孩子，这样孩子有更多的机会接触到存折或者银行卡，虽然他还不能完全理解这是怎么回事，但大部分的孩子还是羡慕并渴望像大人一样拥有一张属于自己的小卡片，并使用小卡片独立购物。

给孩子办理存折或银行卡有两个好处：一是能够让孩子充分理解钱并不是随便就可以从银行里取出来的，而是必须先挣钱攒钱存钱，然后才能从银行取钱；二是能让孩子知道储蓄能够获得多余的利息，体会"钱能生钱"的道理。

财商智慧箴言

储蓄只是一种存钱的手段，该买的东西还是要买，不能为了攒钱就过分克制自己。

在孩子拥有了自己的独立账户后，孩子的理财技能学习与训练才真正开始了。父母应该密切关注孩子对这些钱的支配，引导孩子理性消费"该消费时就消费，该节约时就节约"。

当然，拥有独立账户的孩子也可能发生另一种极端，认为这些钱是我的了，我就要节俭，于是捂紧自己的钱包，一分钱也舍不得花。父母不要认为这是一种好现象，这样下去，孩子可能会变得吝啬小气，这也不是正确的理财态度。所以父母应该告诉孩子：储蓄只是一种存钱的手段，该买的东西还是要买，不能为了攒钱就过分克制自己。

█ 从一角硬币开始

杰克早年并不富有，他的生活是艰难的。但即使经济不宽裕，他的母亲一旦有了额外的钱，总会为孩子们买点什么。母亲或许是想让他们多享受生活的乐趣，但杰克认为：他们总是一有了额外的钱就把它花掉，因此他们从来没有多余的钱可以存下来。

当杰克开始赚到可观的钱的时候，他注意到即使他的收入高了许多，但是每到月底仍然是一毛钱不剩。

后来，杰克想投资置产。他知道这至少需要 30 万美金的现款，但杰克一辈子也没有存过那么多钱。所以他订出一个时间表，想在 6 个月以内存够钱，一个月要存 5 万美元。这个数目似乎很遥远，但是杰克凭着信心就这么开始了。

有趣的事开始发生了。因为杰克专心生财并且保住他赚到的 5 万美元，他愈来愈注意到他常把自己的钱轻率地随处散掉。他也开始留意到一些以前没有注意到的机会。他还想到，他以前在工作上只会投注精力到某个程度，现在由于他必须有额外收入，必须在所从事的事上多放入一点精力、一点创造力。他开始冒比较大的风险，要客户为他的服务支付更多的代价，为他的产品开发新市场。他还找到了利用时间、金钱和人力的方法，以便在较少时间内做完更多的事情。很快地，杰克的财富一步步地累积了起来……

杰克的经历告诉我们：储蓄其实是一件很容易的事，只要你下定决心去做，哪怕开始时身无分文，只要坚持下去，也能积累大量的财富。

孩子的储蓄也是如此，最初往往是从几分几角开始，慢慢越来越多。但现在很多孩子根本不把几分几角钱放在眼里，一角的硬币掉在地上甚至都懒得捡起来。这些事情看似不值得计较，但如果不加重视，可能会发展成一生的坏习惯。所以，父母应该教育孩子：每一分钱都很重要，都需要好好珍惜。要让孩子在一开始认识金钱、学习理财的时候，就形成这样一种思维观念：每一分钱都是宝贵的，财富是积累得来的，存钱的重要意义就在于"积少成多"。

据香港报纸报道，有一个年轻人，他每天都把口袋里的硬币掏出，扔到家里的一个大木箱里，年复一年，当他的木箱放不下的时候，他打电话

财商智慧箴言

注意小笔开支，小漏洞也能使大船沉没。

叫银行来兑换零钱，据银行工作人员清点，这只大木箱内共有23124元港币！年轻人很高兴，他说这样存钱不辛苦，也没有压力，以后还要这么存下去。

确实，虽然每天只是存几个硬币，但积少成多，时间长了也是一笔不小的财富，而且不会感到储蓄的压力。这种方式很适合孩子，不用做计划，也不用定期清算，省时省力省心。对于每个人来说，每天存几个硬币都不算难事，算一笔账，如果每天存一个 1 元的硬币，一年就是 365 元，10 年就是 3650 元。孩子如果从 3 岁就开始储存，到 18 岁的时候，这更是一笔不小的财富。

富兰克林说过："注意小笔开支，小漏洞也能使大船沉没。"所以不该浪费的一分钱也不能浪费，该省的钱一分也要省下。而且，省下一分钱比挣一分钱要容易得多，节省下来的钱也是利润，积少成多，不起眼的几分几角也成汇成几千几万。不要再犹豫，从现在开始储蓄吧。

▍像玩游戏一样教孩子理财

一位银行家的儿子获得博士学位后，改信了基督教。这件事深深地伤了这位犹太教徒的心，尽管两个孙子经常来看他，他仍然闷闷不乐。

一天，银行家看到两个孙子在玩纸牌，便问他们在玩什么游戏。

"我们在玩银行家的钱。"孙子不假思索地说。

老头一听，喜形于色："孙子身上仍然是我的血脉！"

犹太人注重金钱，认为金钱是现实中万能的上帝。金钱在他们眼中显得无比神圣，但是在赚取金钱的时候，他们却把金钱当作是一种很好玩的物品，像玩游戏一样来赚钱。犹太人这样形容自己：在赚钱的时候你就进入了一个游戏的世界。作为游戏的参与者，你要不停地和对手进行较量和角逐。你要采用一切办法和手段来胜过其他的人，你要超越所有的人才可以赢得最后的胜利。

其实，父母在教孩子理财时，也可以像犹太人这样，把金钱看作是一种好玩的东西，把教孩子理财看作是一种游戏，将理财知识或理念融入游戏过程中去。

可以说，在孩子理财技能的培养方面，父母扮演着多重角色，有时是老师、有时是合作者、有时甚至是玩伴，单纯的说教可能根本起不到应有的作用，所以父母应该学会在陪孩子玩耍的过程中，一点点向孩子渗透理财理念，寓教于乐，效果反而会好过苦口婆心的教导。

> **财商智慧箴言**
>
> 在赚钱的时候你就进入了一个游戏的世界。作为游戏的参与者，你要不停地和对手进行较量和角逐，你要超越所有的人才可以赢得最后的胜利。

下面我们看看文文奶奶是怎么做的：

我看有关儿童教育的书，说在开发智商时，还要重视情商和财商。情商是讲人际相处之道，财商指什么，我也不太了解，但自从有了孙女文文后，我也开始尝试开发她的财商。

文文两周岁之后已能够认识币值，并知道拿钱买东西。这时，我决定适时对她进行认钱、知钱、花钱、挣钱与存钱的财商教育。

认钱。文文两岁时，玩什么扔什么，有时连钱也扔。我就告诉她：这是钱，是爸爸妈妈的劳动所得，要珍惜。

花钱。所有的孩子在懂事之后，都会知道钱是好东西，能换来吃的、玩的、穿的、用的，但怎样让孩子真正对花钱有清醒理智的认定、树立些相对比较正确的观念是很重要的。

我给文文买小食品时，常常让她自己交钱。如买奶油雪糕、果汁、酸奶等，都是1元钱1份，我都试着让她自己交钱：如果她想买1份，就交1元钱。再进一步，如果给她拿2元钱，她也知道找回1元。买普通冰棍，1元钱可以买两支，她自己吃1支，给我1支。

知钱。文文3岁半时，一度很喜欢扮成售货员，把家里一切东西都拿来卖，学会了讨价还价，而我则扮演顾客。

"文文，这个东西多少钱啊？"

"1000元钱！"

"太贵了！便宜点好不好？"

"好吧，那你说多少钱呢？"

"1元钱吧！"

"好！给你了！"

挣钱。4岁半时文文上幼儿园了，她知道爸爸妈妈每天上班挣钱，有时会说："我长大了，也要上班挣钱。"我便因势利导："你现在就可以和奶奶一起劳动挣钱。"于是，我和文文一起把家里的易拉罐、果汁瓶等收拾好，拿到楼下卖给收废品的，换了钱买小食品。从此，文文就主动攒这些东西卖钱，并知道了"废品换钱"的含义。

存钱。6岁时，文文开始上学前班了，春节家人给了她压岁钱，她妈妈给卖了个存钱罐。我告诉文文"这些钱今后归你，由你支配。但你要注意节约，年终奶奶是要查账的。"结果，文文自己买了个小账本，把自己的每笔消费都记在账本上。到了年终，我联合她妈来"查账"：账面非但没有赤字，还节余215元。我又提高要求："你的学杂费也自己承担吧。"结果，从小学一年级到初中毕业，文文的学杂费和零花钱都是她自己用压岁钱来支付的。有时候想买什么，我们也让她自己决定。

从文文奶奶的经验中，相信父母们都可以得到启示：对孩子的理财教育其实并不一定要非常刻意，那样反而可能引起孩子的反感。

教孩子理财完全可以渗透在日常的家庭生活之中，一句话、一件小事或者一个小游戏都是很好的机会，不断积累，孩子就会逐渐形成良好的理财习惯。

借钱给孩子，培养贷款观念

生活中，几乎每个人都会与他人发生借贷关系。有时候是我们借别人的钱，有时是别人借我们的钱。这种关系同样存在于父母和孩子之间。相信很多父母都有这样的经历——孩子想买一样东西，但零花钱不够，他往往会开口向你借钱；你想买一件小东西，碰巧身上没有零钱，你也会向孩子"伸手"。这样的行为实质上就是借贷行为——孩子向你借钱，你向孩子借钱。

但是一般父母却不是很认同与孩子之间存在的这种借贷关系，当孩子向父母借钱的时候，父母会认为孩子跟自己要钱是理所当然的，自然不会想到要孩子还钱；而当父母向孩子伸手借钱的时候，更会觉得"孩子的钱还不是我给的"，当然也用不着还。其实，这些都不是处理与孩子借贷关系的正确方法。不要孩子还钱，就不利于孩子理财观念的培养，他会存在"没有钱可以向爸爸妈妈要"的依赖思想，就不会合理地支配自己的零花钱；如果你借了孩子的钱不还，就会失去孩子对你的信任，时间长了，孩子就不再愿意把钱借给你。

或许，很多父母会认为如果和孩子之间的借贷关系分得太清楚，恐怕会淡漠彼此间的亲情。这种顾虑并非没有道理，但只要掌握好尺度，就大可不必担心。父母在和孩子进行金钱来往时，要让孩子明白这样一个道理：金钱和感情不能混为一谈。很多感情是金钱所不能取代的，比如爸爸妈妈的爱、爷爷奶奶的爱、同情心等。只要端正了孩子的思想，就可以大胆地面对与孩子的借贷关系。

父母和孩子发生借贷关系时，要为孩子树立正确的借贷思想，那就是有借有还。不管是孩子借了你的钱，还是你借了孩子的钱，都一定要还。如果孩子没有还钱的意识，在父母三番五次地提醒下仍不还钱，下次当他再借钱时，父母就可以果断地拒绝他，并告诉他，他已经失去了诚信，同时也失去了借钱的资格。与此同时，父母还要多给孩子讲讲生活中有借有还的重要性。

比如向银行借钱，没有按时归还，银行可能会拍卖抵押物，或者降低你的信用度，当你再次借钱的时候就不可能成功。让孩子明白因借钱不还而失去的东西，比金钱本身重要。

除了要培养孩子有借有还的观念外，还要让孩子明白借债的利弊。现在社会上有很多"负资产"阶层，他们大多喜爱提前消费，用明天的钱来享受今天。这样做当然是有好处的，

> **· · · 财商智慧箴言 · · ·**
>
> 父母和孩子发生借贷关系时，要为孩子树立正确的借贷思想，那就是有借有还。

但也很容易被巨大的债务压得喘不过气。父母应该通过借贷关系让孩子明白：还债是一件痛苦的事情。

比如，刚刚让孩子领了零花钱，你就立即向他讨要欠下的债务，让他切身体会昨天享受了，但今天就必须为昨天的享受付出代价。同时，要教会孩子在自己现有的资金范围内合理消费，尽量不要提前消费。

如果孩子确实有借贷的需要，父母也应大方地把钱借给孩子，当然这些钱是要还的。但是如果孩子借的钱过多，即使把下个月、下下个月的零花钱全还上也不够。这种情况该怎么办呢？有的父母可能会将孩子每个月的零花钱全部扣发，直到还清为止，但这种做法并不可取。

首先，孩子还钱，最好不要由父母直接扣发，而是父母把零花钱发给孩子，同时要求他利用零花钱来还债。只有这样才能让孩子切实体会到借贷还钱的滋味；其次，孩子每个月也会有一定一定的花销，父母扣发孩子全部的零花钱会让他陷入困境，引发不满。所以更好的做法是：将零花钱照常发给孩子，然后让他从中拿出 10% 或 20% 来"分期付款"，这样既能让孩子坦然面对债务，又能让孩子体验不同的还款方式。

从小就培养孩子的借贷意识，孩子长大后才能正确处理生活中的借贷关系，摆脱"负资产"阶层的窘境，可以说，从小树立孩子"有借有还"的借贷思想，是孩子一生的财富。

第六章

把孩子培养成精明的消费小专家

让孩子成为购物的主角

有句话说"会挣的不如会花的",理财技能中很重要的一项内容就是消费。首先要让孩子成为购物的主角。父母应该从小就教导孩子学会控制自己的消费欲望,让孩子在消费时学会货比三家,认识什么是价廉物美的商品,充分发挥每一分钱的最大价值,让孩子做到"懂省钱、会花钱",这才是成功的理财教育。

一、带孩子一起购物

有的父母认为带孩子一起购物会产生很多必要的花销,而且采购时还要照顾孩子,很麻烦。其实,带孩子一起去购物是对孩子进行理财教育的大好机会。以超市为例,父母带孩子一起去超市,要先在家里列好购物清单,父母可以与孩子讨论这次都需要购买哪些商品,打算花多少钱,并将购物清单和预算都写在纸上。这么做主要是为了控制孩子看到什么就想买什么的消费冲动,由于预算有限,只能购买清单上的东西。选取了所有货品之后,计算一下有没有超过预计的金额。若结果超过预算,就要将某些货品改换成较便宜的牌子等。在这个过程中,孩子要慢慢要学会选择,选择便宜的买一堆还是贵的买少一点,这种消费习惯跟以后的理财规划都有很大的关联性。

二、认识标价签，挑选商品

进入超市后，先教孩子看宣传册上的特价商品，对照下有没有清单上要买的东西，接下来开始选购商品。

选购时，父母要借机教孩子认识商品上的价格标签与如何选购商品。例如食品类，要看有没有防腐剂，以及保存期限、制造日期，还有如何判断产品是否新鲜。

三、学习"货比三家"

孩子在挑选商品时，通常只考虑自己的喜好，而忽略商品的价格及实用价值。个人喜好固然是重要的选择标准，但以更便宜的价格买到相同的商品才是理财之道。父母在与孩子一起购物时，可亲自示范如何"货比三家"。

妈妈打算给小宝买一套运动服，于是带着他一起去商场。先来到了一家高级商场，小宝看中了一套 × 品牌运动服，要价是 168 元。妈妈没有立刻表态是买还是不买，她让小宝记下了这件运动服的品牌、规格和价格，然后说："我们再到其他地方转一转，看看价格有没有不一样。"

> **财商智慧箴言**
>
> "会挣的不如会花的"，理财技能中很重要的一项内容就是消费。

接着，妈妈带他来到一条繁华的商业街，找到了一家 × 品牌运动服的专卖店。妈妈让小宝去寻找有没有他们刚才看到的那一款，小明很快找到了，翻开价格标签，130 元！他惊叫起来，

"妈妈，这个比刚才的便宜好多啊！"妈妈笑着说："我们再到另一个地方看一看。"

这次，妈妈和小宝去了一家超市，在这家超市的服装柜台里，也有同样款式的一套运动服，可是价格才90元。小宝有点不明白了，同样一款衣服，怎么会差这么多呢？

妈妈告诉小宝："即使是同一品牌、同一规格和质量的商品，在不同的商店里的价格也可能不一样，因为不同的卖家为此支付的成本不一样，大商店的场地费用和人员费用等要高，小商店的就相对低一些，所以，一般情况下，同样的一件产品，在小店的成本低，价格也低，大店的成本高，价格也高。"

小宝恍然大悟，最后，妈妈在超市给他买下了这套90元的运动服。

有比较才有鉴别。在琳琅满目的商品中，品牌五花八门，品质良莠不齐，倘若在没有任何比较的情况下，只凭一时的感觉和蛊惑之词，就买下一件根本不需要花那么多钱的商品，不是太不值得了吗？

货比三家的好处显而易见，可以帮助自己认清产品的质量，在比较中买到更称心的东西，并且避免在价格上吃亏。所以，看到喜欢的东西时不要急于购买，多走走、多转转，然后再决定是买还是不买，买哪一家的。

父母也可以让孩子带着纸笔去超市，算一算最便宜的跟最贵的差多少钱，这样孩子能更直观地了解"货比三家"节省了多少钱。

每次完成购物，父母都可指导孩子进行付钱、找零，让他们明白金钱的用途，并了解买东西时要付钱的。

此外，很多父母结账时习惯刷卡而不是支付现金，这时父母应该跟孩子讲清楚：刷卡是结账的一种方法，卡中的现金是爸爸妈妈平时存进去的，或者卡中消费的现金是需要偿还的，以免孩子产生"刷卡不用钱"的误解。

让孩子成为一个聪明的消费者

通常的情况是：在购买一些小件物品，如一本参考书、一支钢笔时，孩子拥有充分的自主权。而如果购买自行车、随身听、电脑等相对较贵重的东西时，通常是由父母出面购买，原因是怕孩子多花钱买到质量没有保障的东西。其实，父母们完全可以试着将这些大件物品的购买权下放给孩子，同时给他一些建议，或许孩子也能够买到更好更实惠的东西，还能提高孩子的财商，让孩子成为一个聪明的消费者，这对他以后的独立生活非常有帮助。

建议一：问孩子为什么要购买这个商品。

在决定购买之前不妨让孩子想想这几个问题：

·我为什么要买这样商品呢？

· 我一般会在什么时候用它呢，用它的次数多吗？

· 为什么我现在就要买这样商品呢？

建议二：寻找孩子想要的商品。

当孩子已经决定要买这样东西了，接下来就要开始寻找他最中意的。

· 这种商品有哪几种品牌？

· 不同品牌和型号的功能有哪些不同，价格又有什么差别？

· 这一品牌和型号商品的顾客评价怎样？

这些信息也可以在网上获取。

建议三：比较多种购买渠道。

···财商智慧箴言

提高孩子的财商，让孩子成为一个聪明的消费者，这对他以后的独立生活非常有帮助。

常见的购物渠道有这几种：

· 专卖店

· 超市

· 网购

· 邮购

在专卖店和超市买的时候要问清售后服务等相关问题以及有哪些优惠措施。如果是网购或者邮购，就要特别注意信誉问题。

建议四：购买前的考虑。

购买前让你的孩子思考以下问题：

· 能退货吗，保修期是多长时间？

· 商品有打折或促销活动吗？

·这个商品是完整的吗，要不要自己掏钱买附件呢，如随身听里有电池吗？

·我是真的需要这个东西吗？而不是因为别的同学都有了，或者只是因为喜欢它的包装或者附送的玩具。

建议五：选择最合适的时期购买。

·很多商品在节庆日或换季的时候会打折，挑这个时候买最优惠。

·看最新的杂志、报纸上有没有推出优惠券或优惠套餐。

建议六：用最低的价格买下这个物品。

·讨价还价。在可能的情况下，争取最便宜的价格。

·看看用学生证能不能打折，或能否从别人那里借来超市、大型商场的打折卡。

教孩子理性消费的"5W"原则

理财专家认为在解决孩子冲动消费的问题上，关键是培养孩子的责任感。对此，国外有关学者将其总结归纳为五个"W"原则，具体内容是：

第一个 W：Why——为什么要买？如果孩子说不出理由，或只是出于好奇和好玩的话，一定要加以限制。必要时可以用减少零用钱的方式给予惩罚，或者让孩子从自己的零花钱中拿出与乱花钱相等的数额交还给家长。孩子大多会心疼自己的钱，进而自觉约束自己的行为。需要注意的是，家长的态度要始终如一，切不可一时兴起，否则会前功尽弃。

第二个 W：What——买什么？在孩子年龄较小的时候，一定要限制他自己做主购买物品的范围，什么能买，什么不能买。在这点上，限制物品的种类和金额都是必要的。

第三个 W：When——什么时间去买？向孩子说明，应利用课余时间购买所需的物品，不能为此耽误了学习。

第四个 W：where——到什么地方去买？一般来说，同样的东西，"超市"比大商场要便宜。消耗性的小物品如发卡、贺卡、小贴画等可以到小商品批发市场去买。但要告诉孩子，千万不要为了贪便宜到小商小贩的摊上去买食品，尤其是不要在校门口的小商贩处买吃的东西，以保证饮食安全。

财商智慧箴言

在解决孩子冲动消费的问题上，关键是培养孩子的责任感。

第五个 W：Who——什么人去买？跟孩子讲明，因为年龄小的原因，暂时不能单独到离家远的地方去购物，最好由家长或其他熟悉的大人陪伴同去。当然，如果是住家附近的商场、超市，则可以放手让孩子自己去做，让他体验购物所带来的快乐。

另外，给孩子多少零花钱，多长时间给一次，违反原则怎样惩罚等，都要事前向孩子交代清楚。

教孩子支配钱物不是单纯地让孩子学会消费，也是在帮助他解决成长中的困惑。希望通过五个 W 的沟通和讨论，能培养孩子的花钱意识，增强责任感，从而养成良好的消费习惯。

疏导孩子过强的购物情结

购物，是孩子参与社会生活一项必不可少的内容，孩子看到喜欢的东西想买也是无可厚非的，但如果孩子的购物欲望特别强烈，每回上街都吵闹着要买一大堆无关紧要的物品，父母就要注意疏导了。

首先父母应该明白，导致孩子购物情结过强的原因是什么。原因大致可以归纳为以下几种。

一、过快的生活节奏

现代生活的快节奏无形中也将孩子带入这种氛围里，当孩子面对大量的外界信息时会拒绝思考，不太注意物品的用途，而且将更新物品的节奏也调整到非常快的状态。

二、亲情的缺失

有些父母由于忙于工作忽视了与孩子的沟通，让孩子感到没有得到重视。所以，在为数不多的与父母一起上街的时间里，孩子便会通过要求买各种各样物品的方式来引起注意，填补内心的孤寂。而一些无法与孩子长时间相处的父母，也会不自觉地通过这样的形式来弥补，因此孩子的购物欲望就会越演越烈。

三、孩子间的相互攀比

有些孩子受到家人过分的娇纵、溺爱，导致其总把自己放在优越的位置上，即使在物质方面也要占上风。如果发现别的小朋友的衣服、玩具比自己的好，就会要求父母买更好的以超越他人。

四、媒体广告宣传的影响

时下很多商家为了宣传自己的产品，借助五花八门的广告来过分渲染产品的功能。对于辨析能力尚不成熟的孩子来说，他们很容易受到广告宣传的影响，对物质消费产生浓厚兴趣。

面对孩子过强的购物欲望，父母采用强行拒绝的方法，固然有一定效果，但却容易伤害孩子的情感，让孩子认为父母不爱自己。所以，针对导致孩子过强购物情结的原因，父母宜区分不同情况进行正确疏导。

一、合理安排生活

父母每天应对孩子的日常生活进行合理安排，要让孩子的生活有条不紊。这有助于使孩子做事更有条理，养成沉稳的性格。

二、多与孩子进行沟通

父母要多与孩子沟通，即使因为种种原因不能与孩子长时间共处，也应该多打电话，或者利用网络与孩子视频通话等。切不可因为没有时间陪孩子，就扔给孩子一迭钞票，认为这样就可以弥补亲情的缺憾。

三、端正教子态度

有的父母对孩子的期望太高，凡事要孩子争第一，造成孩子偏执虚荣的性格；有的父母拜金主义的思想和行为潜移默化地影响着孩子，把购物看成互相攀比的头等内容。所以，父母首先要自己端正心态，才能引导孩子以正确的态度面对周围的事物。

四、培养共性，发展个性

如果孩子对某一类的物品表现出特别浓厚的兴趣，父母不妨鼓励他多发展一下其他兴趣，同时为他设置基本的做事准则。比如，有的孩子喜欢购买大量的玩具武器进行装拆，父母可为其制订一个计划，并设一个购买限额，鼓励他自觉执行计划，增强自制能力。

当孩子流露出购物欲望过强的倾向，父母切忌一概拒绝或者简单地斥责孩子"不懂事"，更不能听之任之，而应从孩子的思想上、习惯上找出其真正原因，因势利导，言传身教，淡化孩子对物质的依赖，促进孩子身心与个性的健康发展。

孩子花钱大手大脚的对治法

现在很多孩子都是独生子女，父母会尽量满足他们的各种要求，这也导致了很多孩子花钱大手大脚，不懂得体谅父母的辛

> **财商智慧箴言**
>
> 当孩子流露出购物欲望过强的信息，父母切忌一概拒绝更不能听之任之，而应从孩子的思想上、习惯上找出真正原因，因势利导，淡化孩子对物质的依赖。

劳，还动辄与他人攀比。对待这样的孩子，父母们应该怎么做呢？下面我们根据几种具体情况，给出解决办法。

一、"礼尚往来"刺激孩子的消费欲

乐乐上小学五年级，妈妈每周给她 10 元零花钱，还不包括学习用品的花费在内。但乐乐还经常说不够用，几乎每天都要跟妈妈要零花钱，说是要买零食和同学分享。因为同学请了她的客，她要回请别人。为此，乐乐妈妈很苦恼。

对策：小学生买零食或小玩具相互请客已经成为较为普遍的

财商智慧箴言

家长应该根据孩子的个性、表现、爱好等采取相应的引导策略，这样才能培养孩子良好的理财习惯。

现象，但吃喝玩乐结下的友情不一定真挚牢靠。长此下去，孩子的交友观也会发生扭曲。所以，父母要灌输给孩子正确的交友观，教其一些巩固友谊的其他方式。

另外，父母给孩子钱时就应说明：这笔钱由你支配，无论请客还是自己买零食，都要从这笔钱中开支。如果你不合理支配，我也不会再给你。

二、放纵消费会助长攀比之心

这是一位妈妈的讲述：儿子上高二了。我发现现在高中生的消费渐渐高档化了，买手机、唱卡拉 OK、穿名牌。最近，儿子一再央求我给他买部手机，说班上同学都有了，只有自己没有，我一直没答应，苦口婆心告诉他现在最重要的任务是学习，他却责怪我抠门。我到底该不该答应孩子的要求呢？

对策：对于这种情况，建议让孩子参与家庭理财，了解家庭的收支状况，让孩子知道父母的不易。另外，对孩子的消费不可"放纵"，给孩子多少零花钱要讲究科学方法。可与他协商，制定一个合理的零花钱数目。

制定合理的消费数目有讲究，可采取短期记账的方式，比如让孩子在一个星期内将自己的花费记下来。一周后，父母对其进行指导，告诉孩子哪些钱不该花，哪些是必须花的，哪些是可以省着花的。在这个过程中，教会孩子统筹安排零花钱，合理消费。

通过这些措施，孩子花钱大手大脚的坏习惯就会有所改善。当然，导致孩子花钱大手大脚的原因及解决对策不止这几种情况，家长应该根据孩子的个性、表现、爱好等采取相应的引导策略，这样才能培养孩子良好的理财习惯。

让孩子分清"想要"和"需要"

孩子从小到大，一生几乎都是在"想要"中度过的。小时候父母、长辈们的疼爱，看到新的玩具就会赶快买给孩子；当孩子年岁渐长，看见同学、朋友有了新的文具、玩具、衣服、鞋子等，就会也想要拥有，如果要求不被满足就又哭又闹，而父母本身也存在着错误的观念，认为要给子女最好的一切，才叫作

"爱"。因此想方设法地尽一切力量去满足孩子想要的东西。在这种情况下，很多孩子就逐步养成攀比、浮华的虚荣心。慢慢地分不清是否"需要"，而只有不断的"想要"。

其实，家长应该让孩子知道，"需要"是生活中必需的东西；而"想要"只是内心欲望的显现。因此，想要的心理经常造成许多不必要的资源以及金钱的浪费。在"想要"的情况下买的很多东西根本就是毫无用处的，只是造成过度的浪费！

其实，不仅是孩子，即使是对很多成年人来说，分清"需要"和"想要"也是很困难的，家长可以教孩子一个方法：把自己所有的钱和所有想买的东西都写在一张纸上，把买东西所需的费用加在一起，与自己所有的钱做比较，看自己现有的钱是否足以支付，如果现有的钱不足以支付，就要先买那些比较急需的东西。在这个过程中，孩子就很容易学会将自己想买的物品分为"急需""非急需"和"想要拥有"几类了。

另外，还可利用孩子保管账户的方式，引导他们有存储意识，合理理财。例如将过年的压岁钱设立一个储蓄账户，让孩子自己保管，但开支时要告知父母。这个账户可以起到三个作用：一是让孩子对账户存款负责，孩子想让账户上的钱越来越多，就会克制自己乱花钱的习惯；二是规定他每次花钱使用量不准超过多少，告诉他强行超支的后果，这样，孩子买东西就会精打细算；三是告诉孩子，他还必须用账户里的钱尽一些义务，如过年过节给爷爷奶奶等买小礼物等。

教会孩子砍价没商量

理性消费就是该花的钱一定要花，该省的钱要省，把每一分钱都用到实处。在经济社会中，很多商品的价格与其实际价值之间有很大的差距，同样的一件物品，由于营销者不同，价格可能会差上好几倍。这时，如果消费者不懂得讨价还价的话，就可能"挨宰"，用很多的钱买了并不值那么多钱的东西。所以，在让孩子自主消费之前，家长有必要让孩子学会"砍价"。

在教孩子"砍价"之前，家长应该先向孩子讲述其中的道理：商家销售任何一种商品都存在着成本，除了商品本身的生产和进货成本外，商家还要支付场地费用、人员费用，以及缴税等，所以商品的售价总是高于成本的。售价减去所有成本之后，盈余的就是商家的利润。

由于商家观点的不同，商品的售价也有高有低，有的商家为了拉住顾客，就会考虑适当地减少一些利润，以使货更快地卖出去，即"薄利多销"，这样就有了商家和消费者之间的利润互动，也就是通常说的"讨价还价"。通过"讨价还价"，消费者可以用更少的钱买到一件商品。

一个外国家庭来中国旅游，一对父母带了两个孩子，到中国后，父母给了两个孩子每人1000元人民币作为他们在中国旅游期间的零用钱，他们可以自由支配，但零用钱只有这么多，花完不会再给。这对父母还给了孩子一些购物方面的建议。

第二天，较小的孩子看中了一个电动玩具，很喜欢。但价格比他预期的要贵很多，这个10岁的孩子的开始跟老板"砍价"，一次不行两次，来回跑了五六趟，每次都是单独来。老板很奇怪，问小孩"你爸爸妈妈呢？他们怎么不跟你一起来？"孩子回答"这是我自己的事。"老板觉得很有意思，最后以一个很优惠的价格把玩具卖给了孩子。

对于外国家庭来说，让孩子支配自己的零用钱、让孩子自己去讨价还价，这是很正常的事。在中国，小孩子通常都是由家长带着一起去购物，只要孩子看中的东西，哪怕贵点家长也会买下来。但越是这样，孩子越是无法掌握消费技巧。

财商智慧箴言

理性消费就是该花的钱一定要花，该省的钱要省，把每一分钱都用到实处。

所以，孩子"谈价还价"的能力应该从小就开始培养，这不是丢面子的事情。教孩子讨价还价是锻炼孩子理财能力的很好的机会，还能节省一部分钱用来买更多的东西，何乐而不为呢？

教孩子买有实用性的东西

如今市场上的商品琳琅满目，其中不乏很多外表包装很漂亮而实用价值不高的商品，很多消费者就会受到包装的影响而放弃对实用性的考察，买了很多毫无用处的而又价格很贵的东西。很多人也会因为身边的同事或者朋友对某商品的评价不错，而去购物，但其实这件物品对自己来说并不实用。

很多成年人都会犯忽略商品实用性的错误，何况孩子？一项调查表明，45%的孩子都有很多用了不久便不再用的东西。由此可见，不少孩子在买东西时，可能会因为受商品包装或他人的影响而冲动消费，买回来只用了几次，甚至根本没有使用，就闲置在一旁。

教孩子学习理财技能就要教孩子学会"用之有益、用之有度"的花钱原则。"用之有益"就是把钱用到最需要的地方，用于做最有益的事，或者有益于社会、他人，或者有益于自己，如果花了钱并没有产生任何有益的价值，就无异于浪费。"用之有度"就是花钱要有节制，用于做什么要分清轻重缓急，能节省就要节省，用最少的钱办最有用的事，让钱在你的手里发挥出最大的效用，不能由着自己的性子随便乱花钱。

当然，每个人购买物品的价值观都不一样。有人花300元买一张桌子觉得很好，有人可能会花3万元买一张桌子，这与个人的经济承受能力与审美情趣、生活品质都是有关系的。我们要说的实用性是指：符合个人当前的生活状态就好，如果你身价几百万元，你用的东西在看重实用性的同时当然也要与你的身价相符合。总之，便宜的东西未必不能用，昂贵的东西也不一定达到你想要的效果。家长要让孩子知道，买东西一定不可以盲目追求高价，主要看是否用得着、用得好，特别是孩子还没有挣钱能力的时候，他们用的东西更要讲究实用耐用，不要只追求什么名牌、高档。

消费的目的是满足个人生理、心理上的需求，是一件愉悦的事情，而不应成为一种负担或者罪过。我们提倡合理消费，坚决反对挥霍和浪费，这就需要有正确的消费观念。把钱花在实处，买有实用性的东西，家长应该让孩子从小就明白这个道理。

拒绝孩子不合理的消费需求

在中国与国际接轨的过程中，很多人的消费观念也越来越国际化，超前消费开始被越来越多的人，特别是年轻人所追捧，他们不再信奉"以俭为德"的古训，而是希望"花明天的钱圆今天的梦"。很多刚刚走出校门的年轻人，更成为"超前消费"的主力军，他们口袋中有很多银行的信用卡，他们的生活就是在刷卡、还款中度过的。人们送给了他们一个较为优雅的绰号，叫作"月光族"。所谓"月光族"，就是说他们在旺盛的消费欲望和繁重的还债压力的双重挤压之下，月收入往往被折腾得精光。"月光族"刚刚踏入社会，便置身于超前消费、高档消费的行列，由于消费欲望的驱使，他们不但花得两手空空，甚至还负债累累……

"月光族"消费理念的形成与国人"再苦不能苦孩子"的观念有关。由于生活条件的改善，又加上很多孩子都是独生子女，所以父母们总是竭尽所能满足孩子的种种消费需求，让

孩子引领高消费风潮。一些手头宽裕的父母，逢年过节要给孩子送大礼，而且还全力支持孩子加入小朋友之间互赠礼品的高消费行列，而儿童高消费群中的"送礼一族"，更在为儿童高消费推波助澜；为不让自家孩子在人前"掉价"，许多并不富裕的家庭也被迫把孩子推入了高消费误区。这种助长孩子加入高消费行列的非理智行为，实际上就是在潜移默化地为孩子灌输大手大脚的消费习惯。这些孩子长大后，极有可能成为"月光族"的接班人。

当然，在消费观念日渐多元化的今天，钱在消费者手中，如何支配和开销是各人的权利和自由。但是，让孩子涉足消费误

区，无论从哪方面进行考量，恐怕都不是明智之举。毕竟孩子的消费观念和消费习惯事关未来社会的价值取向和运行状态。

中国有句俗话"豪门出败子""富不过三代"，就是基于金钱可能对孩子带来的伤害所说的。世界首富比尔·盖茨同当今世界的许多富人一样遵循"再富不能富孩子"的教育原则，他对子女非常"吝啬"，曾公开宣布："我不会给我的继承人留下很多钱，因为我认为这对他们没有好处。"沃尔玛是世界最大的零售业集团，它的创始人所写的自传中，这样警告他的后代："子孙当中要是有谁胆敢玩弄纨绔子弟的那类奢侈品，我到地狱里也要起诉他。"

"一粥一饭当思来之不易，一丝一缕恒念物力维艰"，当生活一天天好起来的时候，我们的父母们不仅不能助长孩子们加入高消费行列，还应当帮助孩子们树立正确的消费观念，制止他们不合理的消费需求。此外，父母们还应该通过种种途径，让孩子们体会劳动的辛苦，财富的来之不易。千万不要让孩子们成为大手大脚、享乐主义的一代人。

纠正孩子错误的消费倾向

现在的孩子大多对金钱没有太多概念，只知道钱就是用来花的，所以身上有钱就想花，看到想要的东西就买，买了不喜欢就扔掉。很多父母对孩子的这些消费习惯表示担忧，如果一直这样下去，孩子长大后能够生活得很好吗？我们应该怎样纠正孩子这些错误的消费倾向呢？

一、花钱无度

萌萌学习很好，家里条件也不错，爸爸妈妈经常会给她一些零花钱，但这就养成了萌萌喜欢花钱的习惯。每次上街，看到喜欢的东西她就会买下来，钱不够了就跟爸妈要。一个月下来，萌萌经常能花掉几百元的零花钱，但她都不知道这些钱花在了哪里。

对策：这类孩子对金钱没有具体的概念，手里有钱就花掉，花完就伸手向父母要，全然不知道所买的东西究竟实用与否，也说不出来钱究竟用到了什么地方。

对于这类孩子可以定期给他们一定数量的零花钱，而不是随要随给。父母可以帮孩子建立小账本，以确定

> **财商智慧箴言**
>
> 不要用扣发孩子零花钱的方式来强迫孩子理财，或用粗暴的责骂方式来控制孩子的消费欲望。

孩子的钱都花在了什么地方。家长还可以鼓励孩子用零用钱进行储蓄，如发现孩子在月底还有结余，就应适时赞扬或奖励，激发孩子的储蓄兴趣。

二、冲动购物

一位妈妈说："最近儿子脸上冒出了几颗'青春痘'，他就天天嚷着要去痘，要我给他买一支去痘产品，但我担心他会过敏，

而且青春期的孩子长几颗痘痘本来就是正常的，哪用得着化妆品，所以拒绝了他的要求。没想那小子居然用自己一个月的零花钱买了一种祛痘产品，但用了一段时间根本不见效果。"

对策：冲动购物型孩子看见自己想要的东西立即会做出购买决定，而过后不久又觉得自己并不是十分喜欢或发现不值，继而后悔自己的冲动。

对于这类孩子父母首先要教孩子学会"货比三家"，尽量买到物美价廉的物品。其次要减少孩子逛街的次数，或者在逛街前先列出购物清单，不盲目购物。

三、无限索取

张姐的女儿宁宁聪明活泼，但唯一令人感到头疼的就是每次带她上街她都要这要那，一旦要求不被满足马上就又哭又闹。

对策：这类孩子大多受到亲人的宠爱，大人经常会给他买一些小礼物，让他误以为不管要什么父母都会满足他。

对于这类孩子，父母要坚定立场，不该买的东西不论孩子如何哭闹都不能买，在这件事情上，孩子父母甚至爷爷奶奶一定要态度一致。如果孩子坚持要买某种东西，而家长考虑也会有一定意义，可以采取父母出 2/3 费用，孩子出 1/3 费用的方法，让孩子也投入一部分钱，这既有利于控制孩子"想买就买"的心理，也会让他更加珍惜所买的物品。

第七章

打造精打细算的小孩

讲讲富翁们的节俭故事

一位犹太大富豪走进一家银行。

"请问先生，您有什么事情需要我们效劳吗？"贷款部营业员一边询问，一边打量着来人的穿着：名贵的西服、高档的皮鞋、昂贵的手表，还有镶宝石的领带夹子……

"我想借点钱。"

"完全可以，您想借多少呢？"

"1美元。"

"只借1美元？"贷款部的营业员惊愕得张大了嘴巴。

"我只需要1美元。可以吗？"

贷款部营业员的心想：这人穿戴如此阔气，为什么只借1美元？他是在试探我们的工作质量和服务效率吧？便说："当然，只要有担保，无论借多少，我们都可以照办。"

"好吧。"犹太人从皮包里取出一大堆股票、债券等放在柜台上，"这些做担保可以吗？"

营业员清点了一下，"先生，总共50万美元，做担保足够了，不过先生，您真的只借1美元吗？"

"是的，我只需要1美元。有问题吗？"

"好吧，请办理手续，年息为6%，只要您付6%的利息，且在一年后归还贷款，我们就把这些作保的股票和证券还给您……"

犹太富豪走后，一直在旁观的银行经理怎么也弄不明白，一个拥有50万美元的人，怎么会跑到银行来借1美元呢？

他追了上去："先生，对不起，能问您一个问题吗？"

"当然可以。"

"我是这家银行的经理，我实在弄不懂，您拥有50万美元的家当，为什么只借1美元呢？"

"好吧！我不妨把实情告诉你。我来这里办一件事，随身携带这些票券很不方便，便问过几家金库，要租他们的保险箱，但租金都很昂贵。所以我就到贵行将这些东西以担保的形式寄存了，由你们替我保管，况且利息很便宜，存一年才不过6美分，这真是一个很棒的选择，能为我省下不少钱……"

经理如梦方醒，他也十分钦佩这位先生。虽然他如此富有，但还是如此节俭，不浪费一分钱。

也许有人会说："越有钱的人越抠门。"其实这不是抠门，而是财商高的体现，一个富翁一定付出了比别人更多的努力才拥了这笔财富，因此，他们更懂得节约的意义。

小洛克菲勒虽然拥有巨额财富，但他始终保持"不乱花一分钱"的理财态度。他在日常生活中非常节俭，信纸是正反两面都用，皮鞋更是精心保养，总能穿到 10 年以上。他的记账本从不离身，任何一笔花费都要清清楚楚地写在上面。

多年来，这个石油大王的记账本从不遗漏任何一笔开支，他的记账本已有厚厚的一摞，并且每张纸都是正反两面都用。正是靠了这种"绝招"，令他在经营石油公司时，总是能准确无误地掌握成本与开支、销售与利润，因为任何差错都逃不过他的双眼。

节约是现代社会的需求，在这个竞争激烈的社会，节约一分钱就是创造了一分钱的效益。把不必要的浪费节约下来，是非常有意义的事情。

韩国现代集团创办人郑周永在韩国富豪排行榜上名列前位。创业初期，他给自己定下规矩：不到事业成功，绝不喝一口咖啡，因为他说"喝咖啡浪费外汇"。他的部下纷纷效仿，整个企业呈现出一片艰苦创业的勃勃生机。20 世纪 80 年代初，他的事业如日中天，可他仍同以前一样穿着朴素，为了省下换鞋底的费用，他给自己的鞋底钉上铁掌。他家中的电视是 17 英寸的，沙发是 10 年前买的；他衣柜里的衣服也大都穿了多年，有些衣服的扣子掉了，他舍不得换新的，叫家人买来同样的扣子给配上。

哪怕你家财万贯，节俭也绝不过分。节俭是一种精神，是一种动力，节俭为你保驾护航，节俭让你一生安稳无忧。

作为亚洲首富，坐拥几十亿元的家产，李嘉诚是怎么看待钱的呢？这有一个流传很广的小故事，可以说明李嘉诚对于钱的态度。一次在取汽车钥匙时，李嘉诚不小心将一枚两元的硬币掉到了地下，硬币滚到车底。李嘉诚怕汽车发动后，硬币会掉到路边的沟里，就赶紧蹲下身子去捡。这时，他旁边的一个印度籍保安看到，帮他拾起了硬币。李嘉诚收回硬币后，竟给了保安100元作为酬谢。李嘉诚解释说："如果我不拾这两元钱，让它滚到坑渠里，那这两元钱便会在世上消失。而100元给了保安，他可拿去用。我觉得钱可以用，但不可以浪费。"

这个亿万富翁竟然连一个小硬币也不放过。

所以，万贯家财也是一分分积攒起来的，一个懂得节俭的人才能不断地积累财富，而再多的家产也会因为可耻的浪费而败光。每个父母都应该给孩子讲讲这些百万富翁是怎样珍惜每一分钱的，教孩子从小学会节俭。

让孩子参与家庭理财

为培养孩子的财商，父母们可以试着让孩子参与到家庭理财中来，在家中需要购买某些物品时，听取一下孩子的意见，还可以经常让孩子来"当家"，给他一定数量的钱，让他自由支配，用来支付全家一天或者几天的生活费用，让孩子体会一下"当家理财"。

让孩子当家理财要告诉他家人的日常消费情况：

第一，基本生活消费，每天买菜做饭、买水果、用水用电的费用；

第二，发展性消费，爸爸妈妈买书，孩子自己买书买文具的费用；

第三，交际性消费，在过年过节或亲朋好友过生日时买礼品的费用；

第四，其他费用，给爷爷奶奶的生活费，全家一起出去玩的费用，等等。

让孩子了解这些，会让孩子明白家庭生活的不易，如果能让孩子"当家"一天或者几天，更能加深他的体会，孩子就会自觉地学会节俭。

财商智慧箴言

让孩子参与到家里的理财活动中来，有助于调动孩子自主理财的积极性。

带孩子去购物也是让他参与家庭理财的重要渠道。比如一个家庭要买电脑，妈妈问 13 岁的儿子："你喜欢台式机还是笔记本呢？"孩子说："当然是笔记本了，那多酷。"妈妈说："可是我们只有 5000 元钱，恐怕买不到好的笔记本。而且，咱们只是家用，台式机或许也不错呢。"儿子回答："不能买贵一些的笔记本吗？""我们只有5000 元钱的预算，不能再多了。"妈妈表示。"那好吧。"儿子同意了。在这个过程中，妈妈让儿子对买电脑这件事进行了思考，在现有预算的前提下，选择哪种类型的电脑更划算，孩子也在无形之中体会到了理性消费的重要性。

孩子是有思想会思考的个体，在消费方面他们也有自己的想法与选择，购物时，家长不妨也听取一下孩子的意见，让孩子参与到家里的理财活动中来，这样有助于调动孩子自主理财的积极性。

向孩子演示省钱的好处

对于孩子们来说，家长所教育的省钱无异于在克制他们的欲望，让他们得不到自己想要的东西。之所以有这种观念，是因为孩子不能直观地看到省钱的意义，所以家长可以直接向孩子演示省钱的好处，加深孩子的体会。

美国就有一种"省钱夏令营"，是面向 10 ~ 16 岁的孩子开展的，目的是教授短期的理财课程，教育孩子们掌握"财富"背后的规则，包括制定预算、了解利率以及为退休后存钱等，之后到银行或消费场所实践演

财商智慧箴言

在日常的家庭生活中对孩子进行省钱教育，通过一些小事让孩子明白省钱的好处，效果远比让孩子参加各种活动要好得多。

习。一位美国母亲和自己 13 岁的儿子一起参加了这个"省钱夏令营"，这位母亲表示：省钱夏令营教授的课程对孩子的影响很大，现在她的儿子已经学会管理自己的资金，并进行一些不是非常复杂的投资。而且，这些投资已经赚到钱了。

相对来说，中国的这类活动比较少，即使有也不普及。这就需要家长自己开发一些有效的方法，通过生活中的实例逐渐培养

孩子的理财意识和能力。

一位妈妈每周给儿子10元零花钱，作为买零食的费用。可是通常不到星期五，这些钱就花完了。因为孩子爱吃巧克力，经常买一种4元钱一块的巧克力，买上两次巧克力10元钱就所剩无几了，自然坚持不到一个星期。

为了让孩子学会节俭，这位妈妈专门带孩子一起去买菜。在买菜的过程中，妈妈告诉孩子：黄瓜1.5元1斤、土豆1.5元1斤，西红柿2元1斤，4元钱可以买1斤黄瓜、1斤土豆、0.5斤西红柿，这些菜够他们全家吃一顿晚饭的了。

从这样的比较中，孩子明白了，原来4元钱可以买这么多东西，看来用4元钱买一块巧克力真是有点浪费。从那以后，孩子主动减少了买巧克力的次数，节省下来的钱又还给妈妈。

故事中的妈妈一个小小的方法就让孩子认识到了自己的错误，培养了孩子的节约意识。所以，对于家长来说，在日常的家庭生活中对孩子进行省钱教育，通过一些小事让孩子明白省钱的好处，效果远比让孩子参加各种活动要好得多。

鼓励孩子养成节约的习惯

悉尼奥运会上曾经举办过一个以"世界传媒和奥运报道"为主题的新闻发布会。在座的有世界各地传媒大亨和记者数百人。

就在新闻发布会进行之中，人们发现坐在前排的炙手可热的美国传媒巨头 NBC 副总裁麦卡锡突然蹲下身子，钻到了桌子底下。他好像在寻找什么。大家目瞪口呆，不知道这位大亨为什么会在大庭广众之下做出如此有损自己形象的事情。

不一会儿，他从桌下钻出来，手中拿着一支雪茄。他扬扬手中的雪茄说："对不起，我到桌下寻找雪茄。因为我的母亲告诉我，应该爱护自己的每一个美分。"

麦卡锡是一个亿万富翁，有难以计数的金钱，他可以买到一切可以用钱买到的东西，一支雪茄对于他来说

简直微不足道。按照他的身份，应该不用理睬这根掉到地上的雪茄，或是从烟盒里再取一支，但麦卡锡却给了我们第三种令人意料不到的答案："应该爱护自己的每一个美分"。

的确，对于财富的积累来说，每一个美分都是值得重视的。在母亲的教导下，节约成了麦卡锡的习惯，或许正是这种良好的理财习惯让麦卡锡取得了巨大成功，积累了大量财富。因此对于每一对父母来说，鼓励孩子养成节约的习惯也是理财教育的重点。

想让孩子养成节约的习惯，父母需要给孩子及时的鼓励。鼓励可以建立一个人的自信心，一个自信的人能发挥最大的潜能，使自己的综合能力发挥到最佳状态。对于一个成长中的孩子来

说，最需要的就是来自父母和老师的鼓励。然而在现实生活中，很多父母往往习惯于抱怨孩子，而不是赞赏，似乎孩子做的总不能令他们满意。或许父母这样做只是为了激励孩子，但是这种做法很可能会起到相反的作用。

特别是在理财方面，如果父母给了孩子零花钱，但总是规定他们什么可以买，什么不可以买，如果孩子不听就扣零花钱，这样根本培养不了孩子理财的技能。如果父母换一种方式：定期给孩子一定数额的零花钱，规定这笔钱的大致用途，如果到期限还有剩余，下次就增加相等数目的零用钱。也就是说如果孩子能节省两元，父母再给他零花钱的时候就多给两元，节省得越多给的就越多，这样可以鼓励孩子养成节约的习惯。

不过，孩子的自制力一般较差，如果单纯的鼓励不能收到良好效果，可以采取奖罚结合的方式。如果孩子能够节省一部分零用钱，父母就给相应的奖励，如果孩子透支的话，父母就可以适当采取扣除一部分零用钱的方式表示惩罚。对比之下，孩子就能体会到节俭的好处，进而约束自己，节省下一部分零花钱。长期下来，节俭就会成为孩子的一种好习惯。

节俭是一个人的重要品质。很难想象，一个从小大手大脚随便浪费的人能创造一番事业，积累大的财富。所以，培养孩子的节约意识是理财的关键，父母应该多多鼓励孩子，建立孩子的自信心，让他相信自己能够做得很好，将节约变成一种自觉的行为，这种习惯一旦养成将会让孩子终身受益。

让节俭变成孩子的自觉行为

一对年轻父母带着刚上小学的女儿去逛街。在一个繁华的路口，有一位老爷爷正在卖报纸。爸爸从口袋里掏出 5 元钱交给女儿让她去买 10 份报纸。女儿买回报纸，父母一起跟她商量：按原价把报纸卖出去，看看我们能不能很快卖完。女儿在父母的支持与帮助下，费了不少时间才把 10 份报纸卖出去。

然后，父母让女儿去问卖报的老爷爷，一份报纸能赚多少钱。老爷爷告诉孩子：卖一份报纸只赚几分钱。爸爸接着说："宝贝你想想，咱们花这么长时间把报纸卖完才不过赚了几角钱，而且爸爸妈妈和你一起费了很多辛苦和口舌。"小女孩也体会到了挣钱的不易，说："爸爸、妈妈，我以后可不能随便花钱了，挣钱太不容易了。"父母肯定了孩子的想法，及时表扬了她。后来，这个女孩很懂得节俭。

故事中的父母用让孩子亲身实践的方法教孩子知道了挣钱的不易，也让孩子自觉开始了节俭，收到了很好的效果。"成由勤俭败由奢"是我们

> **财商智慧箴言**
>
> 如果想让孩子会理财懂节俭，首先父母要以身作则。

国家的古训，奢侈浪费会导致失败，虽然现在生活水平提高了，吃穿不愁了，但这个朴素的真理到什么时候都不过时。

很多家长对孩子乱花钱、随便浪费的做法很头疼，不知道该怎么办，其实，孩子不懂得节俭，责任多在于大人。媒体都在宣

扬要给孩子吃最好的，用最好的，商家都知道孩子的钱最好赚，父母也尽量让自己的孩子过最好的生活，甚至很多父母本身就有着很多不合理的理财习惯：随便花钱买一些并不实用的东西，盲目追赶时髦、攀比……在这种大环境的影响下，孩子花钱大手大脚、不知节俭也是很自然的事情。

所以，如果想让孩子会理财懂节俭，首先父母要以身作则。"家长是孩子的第一任老师"，只有家长先做好，孩子才能有样学样，自觉规范自己的行为。

其次，为了让节俭成为孩子的自觉行为，父母要让孩子了解钱，知道钱是怎么来的，明白君子爱财取之有道；要教孩子学会花钱，理性消费，并采用记账的方式明确自己的收支；要教孩子学会攒钱，懂得积少成多的道理，尽量每次的零花钱都有结余，让孩子明白积攒下来的钱可以买更多的东西；教育孩子懂得量入为出，买东西前要考虑自己的支付能力，即使家里很有钱，也不能奢侈浪费……

最后，在孩子具备一定的劳动能力之后，父母应该多让孩子参与一些适合他们的社会实践，让孩子体验劳动的辛苦和钱的来之不易，在这个过程中，孩子自然就能知道节俭的意义，并用之指导自己的行为。

节俭不是吝啬

节俭就是该省就省，就是尽量用最少的钱去办最多的事，但节俭绝不是吝啬。一个人除非他养成节俭的习惯，否则他将永远不能积聚财富。而很多富翁，他们成功的秘诀就是节俭，这是每个孩子从小就应该学习的品质。

有人问百万富翁约翰尼："你购买一套服装，最多花过多少钱？"

约翰尼把眼睛闭上片刻。显然，他在认真回忆。观众悄然无声，都料想他会说："在 1000 美元至 6000 美

元之间。"但是事实表明，观众的想法是错的。这位百万富翁这样说："我买一套服装花钱最多的一次……最多的一次……包括给自己买的、给我妻子琼买的、给我儿子巴迪、达里尔和给女儿怀玲、金格买的……最多一次花了 399 美元。噢！我记得那是我花得最多的一次。买那套服装是因为一个十分特殊的原因——我们结婚 25 周年庆祝宴会。"

家长应该告诉孩子：如果你想变得富有，首先就要学会节俭，而不是花掉你所有的收入。一个会理财的人学会的一件事情就应该是存钱，要知道，节俭不仅可以创造财富，而且还磨炼一个人的意志，培育一个人的品格。

当 49 岁的克鲁兹和妻子发现自己的积蓄已超过 100 万美元

时，心情激动的夫妇俩仅买了两包非常普通的爆米花庆贺。这也是他俩能够从工薪阶层跃升为百万富翁的秘密。他俩在日常生活中精打细算，每月节约自己收入的60%。八年如一日的勤俭节约和长期投资，终于给他们带来了非常丰厚的回报。

美国亚特兰大市场研究所所长思坦勒在对近20年中涌现的百万富翁做了专门研究后，意味深长地说："他们当中靠运气和遗产致富的人已不多见，绝大多数人的发家致富完全建立在勇于进取、发奋创新、严于律己和勤俭节约的基础上。"

节俭并不是对生活的一种苛求，更不是什么吝啬，它是一种生活的智慧，是对自己所拥有的资源进行最合理配置的方法和艺术，它不仅能使我们的财富更多一些，而且能使得我们的生活更有情趣，更富于挑战性。如果想让你的孩子在未来拥有美好的生活，那么，先教会他节俭吧。

第八章

给孩子钱不如教会孩子
赚钱的技能

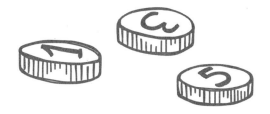

听美国理财专家谈理财教育

在现代社会，父母总是习惯于当孩子的提款机，倾其所有满足孩子的需要，孩子要什么就给买什么，而且还定期给他零花钱，并随着年龄的增长零花钱也随之增加。而这些需求有时会让父母不堪重负。

对此，美国理财专家丹·卡德莱克表示：我也想让我的孩子们穿得漂亮，因时髦的玩具而开心，我也愿意为这些而付钱。但是我最终认识到这样做不对。我经常为满足他们的要求而感到不胜其烦，更让我担心的是，他们不会从中学到该如何理财。要找到简单的解决方法并不容易。以下是帮助我们解决青少年开支问题的基本要点，这或许有助于每一个为父为母者。

一、让孩子付账

我们决定不按孩子们需求的多少给他们钱，而是每个星期给孩子们一定数量的钱，满足他们一定的消费需求。也就是说给他们足够的钱去满足他们的必要的需求和购买某些他们想要的东西，注意不是全部，这意味着这笔钱的数额并不足以让他们想买什么就买什么。一旦钱到了他们手里，我们就完全退出来，不必再去管他们的消费。

我们的第一个挑战是计算出到底给孩子多少钱。由于我的大女儿只比我儿子小一岁，所以，他们希望得到同样数目的零花钱。但是，他们的需求却有天壤之别。大女儿喜欢购买好衣服，去听音乐会和在茶室与朋友聊天。而儿子喜欢每天穿一些名牌短裤，与他的伙伴在一个不花钱的地方玩耍，并购买饮料存放在家里的冰箱中。

我们决定每周给他们两人各50美元，这是我们考察了大女儿两个星期的花费并减去那些还需要我们支付的费用后的数额。但是我们计划酌减给儿子的费用，当他想花这部分被扣下的钱时，他必须得跟我们商量。我们最小孩子的开支则依旧很简单，我们算出她有20美元就能轻松对付过去了。

现在，我们是每周给一次。一旦我们觉得两个大孩子能够处理他们自己的较大预算需求时，我们计划每个月给他们发一次零花钱，而到他们上大学后，改为一年给两次。《财务上聪明的父母》的联合作者琼·加罗说："到那时候他们就能理解他们只有那么多钱了。"加罗说，孩子们在高校中就得学会做好预算安排，一旦他们进入大学，他们就不太会陷入债务中了。

二、要定好规则

我们确定的新体制的关键是确定什么花费是要孩子们去支付的。我们决定那些常规的需求由我们来付钱，

> **财商智慧箴言**
>
> 家长不应按孩子需求的多少给他们钱，而是每个星期给孩子们一定数量的钱，满足他们一定的消费需求。

这些费用包括：学费、基本的服装费和学校活动费，甚至包括上学的汽油费。但是，设计服装、游戏机和外出吃饭以及其他绝大多数费用都由他们自己出，否则就不做。

我们没有让孩子们通过干家务事挣钱，尽管有些父母认为把工作和报酬联系起来是一个好办法，但是，也有许多专家相信把零花钱与家务事联系起来破坏了理财的目的。我们的孩子也有家务活，但是我们把这个看作是他们的必修课，因为他们是这个家庭的一部分，而不是去雇佣他们。

三、不当银行提款机

我们下决心不做这些孩子们的提款机，不让他们任意要钱。如果我们将钱施舍给他们的话，那他们总是会认为他们可以要到更多。因此，我们决定为他们每个人设立一个银行账户，由此，他们每个星期要花销时将自动地从我们的账户转到他们的账户中。

四、坚持原则不仁慈

十几岁的孩子，就像我们大人一样，会从他们所犯的错误中吸取教训。一旦他们做了预算，如何让预算生效就是他们自己的事情了，那意味着没有支持和帮助或者借钱。促进金融知识普及的 JumpStart 联合会执行主任劳拉·雷文表示说："如果你的孩子在一周结束之前就花光了他的钱，你一定要坚持住，否则他就不会学到任何东西。"

我最近问了我大女儿，当她和她的朋友们再次在茶室相会时，她是如何摆脱没钱的困境的，她困惑地说："你开玩笑吧？现在它是我的钱了。我不会把它花在喝茶上的。"你能看到我的微笑吗？孩子们终于学会了一生所需要的理财技巧。

看了丹·卡德莱克的经验，相信很多父母都会受到很大启发：培养孩子的理财技能是需要父母用心去做的一件事，这是关系孩子一生的重要事情。丹·卡德莱克成功了，父母们，你们该怎么做呢？

▌告诉孩子"要花钱，自己挣"

沃尔顿家族曾连续两年在"财富 500 强"排名榜上居于首位，是世界上最富有的家族之一。但是，即使如此富有，老板山姆·沃尔顿也从不对自己的孩子"慷慨大方"。

在孩子们很小时，老沃尔顿的四个孩子就都开始给父亲"打工"，干一些力所能及的活。他们跪在商店里擦地板，帮忙修补仓库的房顶，晚上帮助装卸简单的货物。父亲按照他们的劳动量，根据一般的工人标准付给他们"工资"。老沃尔顿的孩子们就是这样获得自己的零花钱。

老沃尔顿是在用这样的方式告诉孩子们"要花钱自己挣"，虽然他们的家族如此富有，但孩子们还是要拥有自立能力。相比之下，我们中国父母给了孩子太多的庇佑，他们对孩子的疼爱往往扼杀了孩子的自主能力，而对于外国的父母来说，"要花钱自己挣"是孩子一定要学会的理财能力。

一个日本的小男孩家境很好，可是父母给他的零用钱却很少，因为父母总是告诉他，赚钱要靠自己付出劳动，因为他现在什么都不能干，所以零花钱自然就少。有一天，妈妈对他说："儿子，你不是想有更多的零用钱吗？你可以试试这个办法。"

"什么办法？"小男孩急切地问。

"我们这里的垃圾箱里有很多的饮料瓶，你可以捡来卖啊。"

从此以后，小男孩就利用空闲的时间去捡饮料瓶，有时还到邻居家上门收购。靠着卖饮料瓶，小男孩已经挣到了一笔小钱。

财商智慧箴言

生活中并不缺少让孩子自己赚取零用钱的机会，孩子们也并不缺少勇气和力气，只是需要父母的正确引导。

生活中并不缺少让孩子自己赚取零用钱的机会，孩子们也并不缺少勇气和力气，他们只需要来自父母的一点点正确"引导"。

或许有的父母会想：家里不缺这点钱，我才不会让孩子干这么"没面子"的工作。其实，教育孩子从小热爱劳动，懂得用自己的付出去换取收获，这不是"没面子"的事，而是很值得骄傲和自豪的。

一位爸爸在他的教子日记里记载了一种让孩子自己赚钱的好方法：

儿子自从上幼儿园大班就开始向我要钱，"我想要5角钱去买棒棒糖""我想买水彩笔，给我两元钱"……终于有一天我不耐烦了，一本正经地对他说："想要钱，自己来挣。"

"可是，我不会呀。"这小家伙还很委屈。

"你可以帮父母做一些力所能及的活呀，比如倒垃圾、扫地、擦桌子，这些都可以挣到钱。"

"这样也可以呀？太好了。"儿子对这种新鲜的协议很感兴趣。

可是，有一天，儿子又对我说："爸爸，我干了半天，累得腰酸背痛才得到两元钱，怎么样才能少出力多挣钱呢？"

我想了想，告诉他："你可以用脑力赚钱，只要你给家里提一个好的建议并被采用，就给你体力劳动3倍的工资。"

结果儿子的建议非常多，并且确实提出了许多好建议。现在儿子上三年级了，在零用钱方面，我们一直对他采取按劳取酬的政策。现在这小家伙不仅爱劳动，还变得很爱动脑筋，"鬼点子"一直向外冒。

"要花钱，自己挣"，做父母的必须对你的孩子从小就灌输这种思想。这样不仅能够很快地促使他经济独立，而且还会使他的心理更早地成熟起来。

教会孩子赚钱的技能

中国有句老话："授人以鱼不如授人以渔"，就是说：给一个人再多的钱也不如教会他赚钱的方法，钱再多也是会花完的，而教会他一种赚钱的方法，他才能源源不断地挣到钱，他拥有的钱才会越来越多。中国的很多父母认为"日子就是为孩子过的"，他们辛苦的工作就是为了给孩子好一点的生活，能为孩子创造更多的财富。其实，你为孩子留的财富越多，就越是扼杀了他们的独立性，如果你教会孩子赚钱的技能，才是给了他永远不破的"金饭碗"。

但是父母们会说：怎么教孩子赚钱呢？幼儿园就教显然早了点，可进入小学后，学业负担就开始日益加重，每周能有一天让孩子轻松地玩耍就不错了，哪还有时间教他赚钱？

的确，目前我国的教育体制使得父母少有理财教育的机会和时间，但越是这样，孩子的理财教育就越显得迫切而且必需。孩子们在入学前过着衣来伸手饭来张口的日子，入学后又以每天向父母讨要零花钱为收入来源，如此持续下去，孩子很难培养出独立生活的能力。

一、从小培养孩子的赚钱技能

摩根财团的创始人老摩根靠卖鸡蛋和开杂货店起家，发家后对子女要求十分严格，规定孩子每月的零花钱

财商智慧箴言

授人以鱼不如授人以渔。

都必须通过干家务来获得，于是几个孩子都抢着干家务。最小的托马斯因为老抢不到活干，连每天买零食的钱都没有，所以非常节省。老摩根知道后对托马斯说："你不应在用钱方面节省，而应去想怎么多干活才能多挣钱。"这句话提醒了托马斯，于是他想了很多干活的点子，零花钱渐渐多了起来，最后他明白了赚钱比省钱更重要的道理。

当然，也有一些理财专家并不提倡让孩子通过做家务的方式来赚得零用钱，他们认为孩子是家庭中的一员，在享受家庭带给他的幸福的同时，他理应承担对家庭的责任和义务，而做家务也是理所当然的事情。不过，父母可以教育孩子多做一份家务来获得相应的报酬。

二、教孩子发现"商机"

刘女士是一家公司的高管，年轻时曾经远赴海外留学，外国人教孩子学理财的方式给她留下了深刻的印象。因此，在对女儿的教育中，她也开始有意识地进行"财商"教育。"我觉得女儿学校里有一次二手书交易市场的活动办得就很不错。"在二手书交易市场上，孩子们把自己已经读过的书籍、报刊带到学校里，几个人开设一个小型的书摊，孩子们自己定价、互相砍价，一天的活动下来，刘女士的女儿卖书挣了60多元，又用这笔钱买了不少别的小朋友的旧书。

美国犹他州的迈克尔·艾耶斯说："我儿子16岁时，找到了一份在当地电影院卖爆米花和糖果的零工。我和妻子决定，他在电影院打工每赚到 1 美元，我们也拿出 1 美元存入他的个人账户。儿子大学毕业时，我们在他的账户里存入了最后一笔钱。7 年来，我和妻子用这种方式为儿子投资了 1.0682 万美元，现在他的账户里共有 1.4684 万美元，这对于一个 22 岁的年轻人来说，已相当不错了。"

其实，父母用来鼓励孩子赚钱的方法有很多。你可以让孩子把自己赚到的钱储存起来，并借机教他一些储蓄或投资方面的理财技巧。在孩子看到自己挣的钱在慢慢地变多，从中体会收获的喜悦，这对任何一个孩子来说都是宝贵的经历。

锻炼孩子自立的能力

与外国孩子相比，中国的孩子太幸福了，他们一出生就过着"衣来伸手、饭来张口"的生活，一直到大学毕业，他们都会得到父母的资助。甚至，如果大学毕业找不到工作，父母还会继续抚养他们，而对于外国孩子来说这都是无法想象的。

但是，这真的是中国孩子的幸福吗？这些在父母庇佑下长大的"伸手族"，在走向社会以后，他们能够经受生活的磨砺吗？其实，如果让孩子们自己选择，或许他们更愿意早点离开父母的怀抱，早点锻炼自己。所以，父母们，放开你的手吧，让孩子去触摸生活的本质，这样他们才能尽快地成长。

美国的孩子，男孩子12岁以后就会给邻居或父母剪草、做家务或者送报等，赚些零用钱，女孩子则做小保姆赚些钱。再大一些，他们会去餐厅打工，甚至自己试着投资或者做生意。美国人这么做，绝不仅仅是为了赚钱，更重要的是培养孩子的自立意识。

小宁是一个家境优越的女大学生，但是与一般的富家孩子不同，小宁在父母的教诲下自幼就很懂得节俭。她说："不论家庭贫富，自立都应是每一个大学生的追求。我一直在做兼职，自己挣一部分学费。"大学期间，小宁一直在做家教、文员、发广告单等兼职，每年都能挣一部分学费。假期，她的同学不是回家就是旅游，但小宁把这些时间用来学了一门外语，为将来的就业增加筹码。报外语班的钱也是她自己做兼职挣来的。

凭着自己的自立能力和优异的学习成绩，在大学毕业的前几个月，小宁就已经与一家单位签订了就业合同，待遇不错。现在，她不仅能负担自己的生活费用，每月还能拿出一部分钱来孝敬父母和捐助贫困地区。

鲁迅先生就说过，对孩子应该尽教育的义务，教给他自立的能力，让他成为一个独立的人。做父母爱孩子是天性，但这种爱也要理性，当孩子不小心摔倒的时候，父母不应该赶快跑过去把孩子抱起来，而是告诉他："宝贝，快起来，你能行的，妈妈相信你。"只有这样，孩子才能慢慢地学会自己爬起来，再摔倒的时候即使父母不在身边他也不会再害怕。父母的责任不只是让孩子无忧地成长，更重要的是让孩子学会独立地生活在这个世界上，经得起磨炼，这才是父母给孩子的最有价值的财富。

让孩子去做暑期工

学生最长的假期就是暑假，在这长达两个月的时间里，一般家长都会给孩子报一些补习班或者特长班，而不管孩子愿不愿意学。家长的理由是：别的孩子都在学，他不学，岂不是会落在别人后面吗？但孩子在本来可以放松的假期还要被迫去学一些自己不是很喜欢的东西，不会收到很好的效果。家长还要为此支付不菲的费用，真是很不值得。

现在很多父母都错误地认为，只要学习成绩好，能考上好学校，将来就能找到好工作。但实际上，在当今这个复杂的、多元化的社会里，要想孩子将来有所建树，光学习成绩好是不行的，还必须从小让孩子对社会有一个正确的认识。而这种教育光靠我们口头说教是不行的，最好的办法就是在适当的时候让孩子走进社会，让孩子在生活事件中得到"切身"的锻炼和体会。趁着暑假让孩子做暑期工就是不错的办法。

现在的孩子几乎都是独生子女，所有的长辈都围着这一个孩子转，"捧在手上怕摔了，含在嘴里怕化了"，什么都舍不得让孩子做，给孩子吃穿都要最好的。所以，当家长都在忙着做家务的时候，孩子就心安理得地坐在沙发上吃零食看电视，还会嫌爸妈走来走去挡了自己的视线……这些孩子最需要生活上的锻炼。

让孩子出去打暑期工，就是要培养孩子独立自主、吃苦耐劳的精神，让他们了解家长的辛劳，懂得珍惜父母的劳动成果。外面的世界毕竟有别于学校和家里的小圈子，孩子走出去后，面对的是一个充满机遇和挑战的多彩世界，在和多元化的社会"亲密"接触后，难免会遇到这样那样的困难，体会到各个行业的酸甜苦辣，学到书本以外的东西，结识到校园外的新朋友……慢慢地，孩子的动手能力和社交能力便会比从前有所提高，得知了生活的不易他们也会自觉地懂得节俭。

当然，每一种行业都有其专业化的技术领域，孩子所从事的暑期工作应该符合孩子的特点，不要做一些孩子根本无法胜任的工作，那样无法实现让孩子锻炼的目的，还会增加孩子的挫败感。比较理想的暑期工包括：做家教、送外卖、家政钟点工等。让孩子从最基层的做起，一步步积累，在打工中体验劳动的光荣与快乐，学会珍惜劳动成果。

总之，在安全的前提下，让孩子通过做暑期工，可以更加贴近社会，接触形形色色的人，增长孩子的见识，体会劳动的辛苦，从而学会珍惜劳动成果，养成节俭的习惯。这比一厢情愿地逼着孩子去上那些学习班、特长班要更有现实意义。

支持孩子尝试做一些小生意

对于让孩子做小生意，很多父母可能接受不了。因为我们国家历来有"重农轻商"的传统，到现在更演变成了"重学轻商"。所以，很少有父母会鼓励孩子"经商"，他们更希望能培养出一个大学生而不是一个只想着赚钱的商人。但是，有谁不羡慕比尔·盖茨取得的成就呢？而他并没有大学文凭。相比之下，在国外，很多孩子的父母或者老师都会支持他们从小就学习做些小生意，学习经营之道。

其实，让孩子尝试做一点小生意，对他们未来的生存和发展都有着重要的意义。在做小生意的过程中，孩子们会领悟到只有付出才有回报，在获得报酬前先要为他人提供价值的道理；他们会懂得根据市场需求提供产品和服务的商业思想；他们还会掌握为自己的生意进行广告宣传的直接经验。这既能锻炼孩子的能力，又能增强他们的自信心和独立性。或许，就是因为这些经历，他们长大后就会成为成功的企业家。

在美国密歇根州的兰辛市，有家学生商店，从经理到会计、营业员、推销员，直到仓库保管员、店门清洁工，都是中学生，他们在老师的指导下，定期到商店做生意。

星期日早晨，特里莎·彼得曼、米兰·考夫曼和吉姆·扎罗、桑德拉·苏珊、佛里曼，几个美国孩子打开车库的门，就开始忙碌起来了。他们有的搬来几张方凳，放上几个纸盒盖；有的将一张纸小心翼翼地贴在自家门前的信箱上，个个忙忙碌碌，认认真真。原来，他们在学着大人的方式，做"车库小卖部"。那信箱上的纸边、纸角上还用彩笔画了几笔，正是他们的广告。

像这种买卖，在美国的孩子当中很普遍，他们往往就是通过这样的买进卖出，学会了经营、管理，从而培养了自己超强的经营意识。

美国佛罗里达州的一名 13 岁学生萨和特，他曾经替人照看婴儿以赚取零用钱。留意到家务繁重的婴儿母亲经常要紧急上街购买纸尿片，于是他灵机一动，决定创办打电话送尿片公司，只收取 15％的服务费，便会送上纸尿片、婴儿药物或小件的玩具等东西。他最初给附近的家庭服务，很快便受到左邻右舍的欢迎，于是印了一些卡片四处分送。结果业务迅速发展，生意奇佳，而他又只能在课余用单车送货，于是他用每小时 6 美元的薪金雇用了一些大学生帮助他。现在他已拥有多家规模庞大的公司。

萨和特就是通过小生意做起，取得了成功，拥有了自己的事业。

所以，让孩子做点小生意，这是一种值得庆贺的尝试。在孩子有这方面的想法时，父母应该予以鼓励和适当的帮助与指导，而不是用"耽误学习"之类的理由来扼杀孩子的想法。

作为父母，可以对孩子的小生意从旁侧予以关注，并引导他们做好以下几点：

1. 给自己的小生意起一个形象动听的名称，并对自己的产品或服务进行简洁生动的描述。

2. 通过市场调查和成本分析来给自己的产品和服务合理定价。要保证这个价格既可使客户易于接受，又能使自己有利润可赚。

3. 设计和制作独具个性的名片以及产品、服务宣传单，并把这些宣传单散发出去。

4. 策划促销活动以吸引客户。

当然这些只是父母的一些建议和引导，最终的决策权还是掌握在孩子手中。退一步讲，即使孩子由于决策失误而赔了一些钱，家长也不要横加责怪，而应该帮孩子一起分析失败的原因，让孩子从这次经历中吸取经验和教训，这同样是难得的收获。

看犹太人是怎么教孩子赚钱的

毫无疑问，全世界最会赚钱的是犹太人，而且最会教孩子赚钱的，同样是犹太人，他们会送股票给刚满周岁的小孩，这是他们民族的惯例，尤其是北美的犹太人。

犹太人的小孩满 3 岁时，父母就会开始教他们辨认硬币和纸币；5 岁时，让他们知道钱币可以购买任何他们想要的东西，并告诉他们钱是怎么赚来的；7 岁时，犹太小孩要学会看懂商品卷标的价格，并加深"钱能换物"的理财观念；8 岁时，他们就可以通过打工来赚钱，并且把钱存在银行里；11 岁到 12 岁，他们要能够看穿电视广告的假象，并且执行两周以上的开销计划，懂得正确使用银行的术语。

石油大亨洛克菲勒就是犹太人，他要求他的孩子在每天睡觉前记下当天的每一笔开销，甚至告诉他哪里可以买到更便宜的商品，目的就是要让孩子学会过节俭的生活。

虽作为世界上第一位拥有 10 亿美元财产的大富翁，但洛克菲勒给子女的零用钱却少得可怜，而且比一般的家庭要求更严格。他规定：7 至 8 岁，每周给 30 美分的零用钱；11 岁至 12 岁，每周 1 美元；12 岁以上，每周给 3 美元。他每周发一次零用钱，并要求子女们事先做出预算并记清每一笔支出的用途，待下次领钱时交由他来检查，若账目清楚、用途正当，下周增发 5 美分，反之则减。

大富翁洛克菲勒也是深知智慧的宝贵。所以他没有拿着大把的财产给子女去挥霍，而是用看似苛刻的方法教给孩子们理财的方法，这是属于自己的智慧，只要你活着，智慧就会伴随你一生。财富会贬值，而智慧永远不会贬值。

在犹太家庭，母亲启蒙小孩时都会问："假如有一天你的房子被烧，你的财产被人抢光，你将带着什么东西逃命？"一般，小孩会直觉地想到钱或是钻石、珠宝的答案，但是母亲会说："孩子，你要带走的不是钱，也不是钻石，而是智慧。"因为智慧是任何人都抢不走的。商界流传的一个故事同样说明了这个道理。

一次，美国福特汽车公司的一台大型电机发生故障，公司的技术人员都束手无策。于是公司请来德国电机专家斯坦门茨，他经过检查分析，用粉笔在电机上画了一条线，并说："在画线处把线圈减去 16 圈。"公司照此维修，电机果然恢复了正常。在谈到报酬时，斯坦门茨索 10000 美元。一根线竟然价值 10000 美元！很多人表示不解。斯坦门茨则不以为然："画一条线只值 1 美元，然而，知道画在哪里值 9999 美元。"

这就是智慧的价值。每个人都应该通过不断的学习来获得智慧，而且懂得将智慧转化为金钱。这就是犹太人对于智慧与财富的理解。

第九章

从小开始培养孩子的
投资意识

教孩子学会如何让钱生钱

据《犹太人五千年智慧》记载，在古代的巴比伦城里，有一位名叫亚凯德的犹太富翁，因为金钱太多的缘故，所以闻名遐迩。而使他成为一位知名之士的另一原因，就是他能慷慨好施，他对慈善捐款毫不吝啬，他对家人宽大为怀，他自己用钱也很大度，当然，他每年的收入大大超过支出。

自然地，有一些童年时代的老朋友们常来看他，他们说："亚凯德，你比我们幸运多啦。我们大伙勉强糊口的时候，你已成为巴比伦全城的第一富翁，你能穿着最精致的服装，享用最珍贵的食物。而我们能让家人穿着可以见人的衣服，吃着可口的食品，就心满意足了。"

"然而，幼年时代的我们是平等的，大家都向同一老师求学，玩相同的游戏，那时的你和我们一样，毫无才华出众之处。幼年时代过去以后，你还和我们一样，都是同等的诚实公民。然而现在，你成了亿万富翁，我们却终日不得不为了家人的温饱而四处奔走。"

"根据我们的观察结果，你做工并不比我们辛苦，你做工的忠实程度也未超过我们。那么，为什么命运之神偏偏让你享尽一切荣华富贵，却不给我们丝毫的福气呢？"

亚凯德于是规劝他们说道："童年以后，你们之所以没有得到优裕生活，是因为要么你们没有学到发财原则，要么没有实行发财原则。你们忘记了：财富好像一棵大树，它是从一粒小小的种子发育而成的。金钱就是种子，你越勤奋栽培，它就长得越快。"

钱是可以生钱的，你只有懂得了金钱的马太效应，大胆地使用你的金钱去投资，才能成为一个真正富有的人。

如果你是穷人，千万不要抱怨。因为，有的时候穷人和富人的区别仅仅是理财方式的不同造成了截然相反的结果。如果仔细观察就会发现，穷

人总是把富人致富的原因归结为运气好、从事不正当或违法的事业、更努力地工作、克勤克俭……但这些人绝不会想到，造成他们贫穷的原因之一是他们不懂得投资。大多数富人的财产都是以房地产、股票等方式存放，而大多数穷人的财产却是存在银行里，他们认为那才是最保险的。

所以，你的投资决定了你的收入。认识到这一点之后，父母应该及早地教孩子学会投资。在孩子小的时候，帮他种下一棵小树苗，让这棵树伴随孩子一起成长。其实，在理财方面同样如此。

但是，现在许多父母自身非常具有投资意识，他们会为孩子开户投资基金，甚至是购买股票，但整个过程都是大人在操作，完全没有孩子的参与。大部分父母认为"孩子这么小，哪里懂得什么是投资呢？"可这样一来，孩子根本无法从中学到任何理财知识，更无法升级为一个可以让资产增值的"投资者"。而如果父母让孩子参与其中，教会他一些简单的投资知识，相信等他拥有属于自己的资产时，就会知道如何让手中的钱生出更多的钱来。

教孩子投资时，家长首先应该让孩子明白赚钱和投资是两个不同的概念：赚钱是通过劳动来获得报酬，而投资的本质是钱生钱，只要巧妙运用投资工具，就可以实现资产的增值。实际操作过程中，父母可以先和孩子玩"大富翁"类的游戏，从游戏中建立起对投资的初始印象，然后介绍给孩子简单的投资知识。譬如将股票比作一件商品，先教会孩子股票价格涨跌的概念，再带他们到离家最近的证券交易所，告诉他们大屏幕上红红绿绿的意义，然后挑一支耳熟能详的股票，并让孩子试着操作一下，告诉他买入价格是多少，卖出的价格是多少，是如何实现盈利，或者怎样才亏损的。

在了解了投资的表象意义之后，父母的另外一个重要责任就是告诉孩子哪些因素会对价格的波动形成影响。父母切忌通过公式或教学的方式来说教，而应该把投资与现实生活密切结合起来。选择一些孩子知晓的公司股票，比如家里电视、冰箱的出产公司，这些出现在孩子身边的品牌他们并不陌生，进而父母可以陪孩子一起注意所投资公司的相关信息，让他们知道哪些信息会促使他们的股票涨价或跌价，对投资的钱会有何影响，在潜移默化中，孩子自然就学会简易的股票投资原则了。

教孩子投资时，父母的心态要摆好，不要把注意力放在孩子赚了或者赔了多少钱上，只要孩子通过自己操作，彻底领会了投资的意义和技巧，就是很大的收获，也是教孩子理财的关键所在。

父母们千万不要认为你的孩子还小，给他讲解关于投资的知识他也不明白。只要巧妙地将投资的意识融会在生活中、融会在游戏中，孩子自然会对此产生浓厚的兴趣。当孩子在投资的过程中获得了一定的收益，他对金融知识就会产生浓厚的兴趣，并自觉开始学习了。

美国父母的教子投资故事

相对于中国来说，美国父母对孩子的理财教育要更成熟更开放。下面就是一些美国父母教子理财的小故事，其中蕴含着他们的教子理财理念和具体实施方法，相信会给父母们一些有益的启示。

故事一：自主决定投资组合

许多人认为，不应该让孩子们知道他们将继承的财产数额，这会让他们安于现状坐享其成。乔布夫妇却不这样想。"我们的两个孩子都知道他们各自有一个信托基金。"乔布鼓励孩子们参与市场投资，女儿16岁时就从父母那里得到4000美元用于投资。父母为她介绍了一个可信赖的投资顾问，但将投资决定权交给女儿。她现在已经有一笔大多数成年人都求之不得的证券投资组合了。

故事二：割草赚钱买股票

尼克是个9岁的男孩，他很想像父亲那样投资股票，他的理想是当全球股票大王。父亲告诉他，要想投资，得自己先学会赚钱，如果尼克每天可以打理好家里的草坪，他将付给他每天3美元。一个夏季过后，尼克靠割草挣到了600美元。父亲又开始指导他阅读报上的财经版并帮他分析每只股票的利弊，尼克决定购买耐克公司的股票。后来，当尼克上中学时，他的股票价值为2000美元。

财商智慧箴言

要让孩子尽早明白，要想拥有财富，就要学会自己赚钱。

故事三：吃麦当劳要花自己的钱

莉莉常带女儿去吃麦当劳，当女儿9岁时，她告诉女儿，以后再吃麦当劳，应该花自己的钱（女儿只有300美元）。如果不够用，可以帮她做家务，她将付报酬。女儿欣然接受。从此，女儿每个周末都兴致勃勃地在家干家务，并将得到的报酬存起来一半，另一半呢，当然要吃麦当劳。

故事四：干零工可以赚两份钱

纽约的斯恩老人是这样培养孙子孙女们的理财观的；他给

八个孙儿女每人设计了一个基金，孩子们每赚 1 美元，他就在基金里投入 50 美分。孩子们给人看小孩、整理草坪，还干一些别的零工。由于斯恩老人的基金是按比例投入，孩子们的干劲可大了。后来，年纪大些的孩子用那笔钱支付大学学费，小些的则用来购买玩具或零食。

故事五：上网学拍卖课

利用互联网给孩子一些投资的意识，是麦克尔的想法。大约两年前，麦克尔收到朋友寄来的四大盒皮卡丘粘贴卡片，而他们持有卡片制造商的股票。于是，他一本正经地告诉两个年纪最大的孩子，"皮卡丘卡片现在卖得可火了，这个消息千真万确。" 9 岁的爱丽斯和 7 岁的凯莉脱口而出："爸爸，那我们把它都卖了吧。"此后的几个月里，孩子们在 eBay 网站上拍卖了这些卡片，一路竞价到 2000 美元脱手，给她们自己上了一堂最好的经济课。

爸爸银行鼓励孩子投资

美国作家大卫·欧文在他的《第一家爸爸银行》一书中讲述了他在家里开设爸爸银行，教儿子和女儿的投资的教子理财经。

书中讲道：银行开张的时候，欧文的两个孩子分别是 6 岁和 10 岁。虽然是一家名副其实的"私人企业"，这家银行却相当专业，欧文甚至还使用了非常专业的金融软件，进行透明管理。银行规定，每个孩子每月存入 25 美元，就可获得 5% 的高额月利息，这样年复利可达到 77%。

为什么定这么高的利率？欧文说大多数孩子对现实世界的银行不感兴趣，因为利息太低了。手里只有很少一笔钱的孩子们不愿把钱存入银行，但爸爸银行的高利率却很有吸引力。

欧文不仅把利率定得高，他还教导孩子利用复利的好处。他说，只要他们想要钱，可以随时取走，但是复利就没有了。

孩子受到复利的诱惑，取钱之前总要好好合计一下，很多时候不愿随便说取就取。当孩子们的存款越来越多的时候，欧文把每月利率降低到 3%。

当孩子长大了一些，欧文开始经营他的爸爸股票交易市场。他允许孩子在他的股市里交易真正公司的股票，不过价值只有真实股价的 1/100。目前他经营了 6 种股票：英特尔、微软、诺基亚、美国在线、麦当劳和 Gap。这个方法相当不错，可以教会孩子如何确定公司的价值，如何买入、卖出股票。很快地，欧文的"客户们"提出新的要求，开办债券基金、共同基金和股票指数基金交易。

对于孩子们的浓厚兴趣，欧文并不担心他们会变成守财奴，他说孩子从小学习管钱，会学会将钱花到刀刃上，把钱看作是一种工具。当然，这还需要父母的正确引导。欧文建议父母给孩子一定数量的零花钱，而且不应该有其他的附加要求，比如让孩子把钱存起来，而是让他们任意花。

当孩子有了自己可以支配的钱，他们将可能犯一些花钱的错误，然后从中学到理财的经验。欧文建议，孩子在花钱前一定要弄明白，什么才是对他们真正最有价值的东西；而父母则应告诉孩子：钱可以挣，可以花，但是不能买爱情。

还有一点非常重要，那就是父母自己要做出表率。在生活中的每一天，尽管父母可能没有意识到，但他们的确在"身体力行"地教导孩子如何花钱。比如，他们做出一个聪明的或愚蠢的花钱决定，他们对股市

财商智慧箴言

在生活中的每一天，尽管父母可能没有意识到，但他们的确在"身体力行"地教导孩子如何花钱。

的变化是吹大牛还是愁眉苦脸，他们下了班回到家是高兴或是郁闷，当孩子缠着他们买玩具时是妥协还是坚持。如果父母们把信用卡都花光了，债台高筑，孩子们就会看到他们不敢接听电话，只是让录音电话接听银行的通知。这些都会影响孩子对金钱的认识。

或许并不是我们每一个父母都能像欧文这样开设一个非常正规的爸爸银行，但是他的经验是值得学习的。当银行的低利率根本无法引起孩子的兴趣，父母就可以考虑让孩子把钱存在你这里，然后父母拿出一部分钱作为奖励，以激发孩子储蓄的兴趣，这就可以看作是简单的爸爸银行。

让邮票与孩子一起成长

与其他收藏品相比，邮票是最适合孩子操作而且风险最小的。它投资小，风险小，保存方便，只要保存上年头，就有升值潜力。现在很多孩子都有集邮的爱好，其实这本身就是一种很好的投资手段。

有位妈妈从孩子出生以后就每年都买一套成册的邮票年册，这些邮票不但是一种收藏投资的方式，也是孩子成长的见证。这位妈妈认为，现在每年花上几百元钱，从孩子出生就开始买，到孩子20多岁的时候，其中的很多邮票很可能就升值了。而且在孩子大点以后，也可以培养他对集邮的兴趣，这是一个增长见识的爱好，比孩子每天沉迷在一些网络游戏中要好多了。

> **财商智慧箴言**
>
> 邮票投资小，风险小，保存方便，是最适合孩子操作的投资方式。

这位妈妈还表示：完全可以将邮票年册作为每年的新年礼物送给孩子，这比给孩子几百元的压岁钱让他随便花更有理财意义。

其实不仅是邮票，很多票证都有收藏的价值。比如2008年奥运会是百年盛会，与之相关的一系列入场券、典藏册、卡片等都是非常有收藏投资价值的，会有很大的增值空间。家长可以从小就培养孩子的收藏兴趣，在孩子较大以后再向他解释收藏的意义与投资价值。

指导孩子进行基金投资

从社会发展角度来说，让孩子尽早了解如何投资、赚钱，对经济现象有基本的认识，是一种进步。但为了让孩子能够树立平衡的金钱观，不片面看重金钱，家长也要进行及时正确的引导。

萌萌今年10岁，手中已经积攒了将近一万元零花钱。因为平常爸爸妈妈都在投资基金，萌萌说她也想用这些钱来买基金，她的想法得到了爸爸妈妈的支持。

为了这件事，萌萌的父母还专门起草了一份家庭协议，以书面形式确定了一家三口在这件事中的角色，萌萌是出资人，他的爸爸和妈妈都成了代理人。协议中规定：因为萌萌还没成年，不能到银行开设账户，所以由她的爸爸代为开户。但是为了体现投资人萌萌的权益，父母必须将基金买卖的各项事宜告知萌萌，而萌萌本人拥有投资的决定权。

在协议的保证下，萌萌的父母经过仔细筛选，认为一只开放式的基金比较适合投资，并把这种基金的情况告诉了萌萌。萌萌考虑了一天后，拿出5000元购买了这只基金。

买完基金后，萌萌每天晚上都会和父母一起上网察看基金净值，不明白的地方，父母就会为她解答。

从买进基金到现在已经一个多月了，萌萌父母说，孩子的心态没什么

财商智慧箴言

让孩子尽早了解如何投资、赚钱，对经济现象有基本的认识，是一种进步。

变化，学习也没出现偏差。而且教孩子投资基金只不过想让她对理财有个概念，逐步培养投资意识，他们并不是非常关注最后的赔赚。

萌萌父母的做法反映出现在很多家庭教育理念的更新。虽然很多人对于让孩子投资基金还持有很多不同意见，但总的来说提前培养孩子的投资意识是必要的，而至于投资结果则不是那么重要。教孩子理财投资时，家长应该掌握一个度，不要让孩子过于沉溺其中，投入太多精力而耽误了学业，这是一定要注意的。

第十章

富而不骄，孩子"贫穷"
教育必不可少

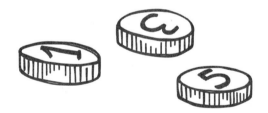

日本——一切都要通过劳动获得

日本人教育孩子有一句名言："除了阳光和空气是大自然赐予的，其他一切都要通过劳动获得。"所以，很多日本孩子都要利用课余时间在外打工自己挣零用钱。

日本人一直比较推崇勤俭持家的观念，家庭内部非常重视对孩子的理财教育，很多家庭每个月会给孩子一定数量的零用钱，但父母会教育孩子如何节省使用零用钱，以及储蓄压岁钱。在给孩子买玩具时，无论高收入的家庭还是低收入的家庭，都会告诉孩子玩具只能买一个，如果想要另一个的话就要等到下个月。在孩子渐渐长大后，一些父母会要求孩子准备一本记录每个月零用钱收支情况的账本。

财商智慧箴言

> 除了阳光和空气是大自然赐予的，其他一切都要通过劳动获得。

在日本，让孩子学会赚钱、花钱、存钱，与人分享钱财，借钱和让钱增值为主要内容的理财教育，已经融入少年儿童整个教育之中，使孩子生活在一种具有强烈理财意识的环境氛围之中，逐渐形成善于理财的品质和能力。

另外，在日本人对孩子的理财教育中还强调一种责任感，日本教育家认为，在家庭教育中，学生的家务劳动是学生应尽的义务。如果孩子干活要付钱的话，这就是对家庭关系的扭曲。而有的父母因孩子学习好而赏钱，这无疑是一种贿赂。

韩国——利用压岁钱教孩子理财

韩国人在新年时也会给孩子压岁钱，但数额不像中国孩子那样庞大。虽然每个孩子收到的压岁钱不是非常多，但韩国的父母也会利用来对孩子进行理财教育，教会孩子独立、合理地使用和管理压岁钱。

大部分的父母都会建议孩子用压岁钱为新年后即将来临的新学期做准备，购买一些文具和图书。在使用压岁钱独立购买文具时，孩子往往会考虑再三做决定，并且对用自己的钱买回来的文具和图书倍加爱护。

而韩国的各大金融机构也针对这块市场开发了一些压岁钱理财项目，比如银行开设利息相对高一些的压岁钱零存整取项目、保险公司推出学生

财商智慧箴言

父母越是爱孩子，就越要放开手。

意外保险险种、证券公司还开发了学生投资基金。这些金融项目都是以小额为主，1万韩元即可开户，还会按时向小户主们寄送内容浅显易懂的阶段性理财报告。

这些方式不仅培养了孩子的独立性和节约的美德，还使孩子学会理财，对经济知识产生浓厚的兴趣。

新加坡——节俭和储蓄是美德

"节俭和储蓄是美德"，这种传统的价值观在新加坡大人和孩子中始终牢固不变。从银行存款额看，新加坡全国中小学生 1992 年参加储蓄的百分比超过

> **财商智慧箴言**
>
> 节俭和储蓄是美德。

53％，平均每名学生大约有 1144 新元存款。新加坡的学生如此会存钱，在于社会与家庭、学校的合力引导。教育部、邮政储蓄和银行每年都开展全国性的校际储蓄运动。在这种环境下，许多孩子都成了储蓄迷，他们为了防止自己花钱大手大脚，连提款卡也不申请。

美国——要花钱，打工去

美国是个优遇富人的社会。但在美国社会最受人尊重的、最出风头的，还是那些 self-mademan，即白手起家的富人。所以，在美国，即使是富贵家庭，也非常注意让孩子吃苦、自立。甚至

有些富人认为：让自己的孩子从小养尊处优，等于是剥夺了他们像自己这样白手起家的机会，从而不能使他们领略到真正的人生，这对孩子是不公平的。因此，他们会让孩子从小就打工挣零花钱，希望孩子早早就懂得自立、勤奋与金钱的关系。

美国父母把理财教育称之为"从3岁开始实现的幸福人生计划"。对于儿童理财教育的要求是：3岁能辨认硬币和纸币，6岁具有"自己的钱"的意识。他们有一句口头禅："要花钱，打工去！"美国小孩会将自己用不着的玩具摆在家门口出售，以获得一点收入。这能使孩子认识到：即使出生在富有的家庭里，也应该有工作的欲望和社会责任感。

对于孩子的理财教育，美国人有自己的一套规划：

1.教孩子认识各种货币的价值及其使用。父母从小就注意让孩子识别各种货币及价值，与买商品的活动相结合，教孩子使用货币。

2.教孩子养成储蓄观念，并为以后学"炒股"打下思想基础。对孩子的零花钱或者劳动报酬，父母会帮孩子找银行开一个存款账户，让他把所有得来的钱都存入这个户头，每半年或一年，就和孩子坐下来算：这个户头得了多少利息，并教他们如何利滚利。

3.教孩子合理使用自己的积蓄。父母除了供给孩子最基本的生活必需品外，有些消费让孩子用自己的积蓄

财商智慧箴言

让孩子从小养尊处优，等于是剥夺了他们白手起家的机会，这对孩子是不公平的。

去支配。

4. 在金钱的使用方面要教孩子乐于分享，自觉自愿地把自己的微小积蓄捐赠一部分给需要帮助的人，体验到人与人之间该相互帮助和分享，体验到捐款和助人的喜悦。

5. 学会精打细算，不乱花钱。尽管美国一般家庭都比较富有，但他们的生活比较简朴，不论是在家里吃饭，还是请客吃饭都比较简单。他们的生活开销也是比较有计划的。在一般情况下，家庭都要协助孩子拟定一个消费计划并正确执行。

6. 教孩子学会通过正当手段去获得一些收入。美国人常将自己不需要的东西拿出来拍卖。小孩自己用不着的玩具等也可以摆在家门口出售，以获得一点收入。有的小孩帮忙送报可以得到一些报酬。帮家中做些日常生活的事情，并非事事都给钱，但是家里庭院要付钱请人做的事，如割草、洗车、清理车库、油漆墙壁、修剪花园等可以付钱请孩子帮忙。

7. 有的父母也用金钱作奖赏来养成孩子的良好行为。有的父母，在孩子为他人做了好事后也给予一定的奖励，以强化孩子的同情心和助人为乐的精神。

8. 父母十分注意用自己的理财观念和消费行为来影响孩子。许多时候父母可以把花钱的决定、次序、信念及习惯等潜移默化地传授给孩子，所以父母处处都要以身作则。

法国——培养合理用钱的本领

法国孩子的"家庭理财课"早在孩子3～4岁便开始，在过圣诞节或生日时，幼童们从大人那儿得到的零用钱可能仅为1～5法郎。法国父母们认为，让孩子早早拥有属于自己的"私房钱"有利于培养孩子经济上一定的独立性。

但对于这些钱，法国父母们不主张孩子们储存起来，而是鼓励他们合理地消费掉，如购买喜爱的零食、玩具或书刊。消费之后，父母会跟孩子交流一下，了解他们对于所买的东西是否满意，然后再帮助他们分析一下这次消费是否合理、必要，并从中可以获取什么经验、教训等。

在孩子升入小学高年级，即10岁左右时，法国父母就会给他们设立一个个人的独立银行账户，并划入一笔钱，而且一般并非区区几十或几百法郎，而是上千甚至数千法郎。他们这么做是为了让孩子从小就学会明智、科学地"理财"。

如果孩子因为过分的节俭而舍不得消费，父母也会采取一些办法来鼓励、引导孩子更为勇敢大胆地消费。

> **财商智慧箴言**
>
> 让孩子早早拥有属于自己的"私房钱"有利于培养孩子经济上一定的独立性。

他们一般会耐心、细致地启发孩子做出消费，如建议孩子邀请小伙伴去看一场电影啦，买一双新的运动鞋啦，给爷爷或奶奶送上一束鲜花啦，等等。如果消费合理又有意义，那么孩子还会受到表扬甚至嘉奖。

时下，越来越多法国父母并不赞成在孩子拥有了自家的"独立账户"之后还每周或每月"定期"向孩子发放零用钱，而是采用在过节日、生日等"特殊时期"不定期发放数额不等零用钱的新办法。他们的理由是：孩子并非父母的雇员，他们也并没有为家庭创造任何财富，因而千万不要让他们产生定期"领工资"的错觉。否则，他们或许还会认为向父母领取零用钱是理所当然的。

英国——提倡理性消费，鼓励精打细算

在英国，政府已决定从 2004 年 9 月起教导学童如何理财，善用金钱，并针对不同阶段提出不同要求：

·5 ～ 7 岁的儿童要懂得钱的不同来源，并懂得钱可以用于多种目的；

·7 ～ 11 岁的儿童要学习管理自己的钱，认识储蓄对于满足未来需求的作用；

·11 ～ 14 岁的学生要懂得人们的花费和储蓄受哪些因素影响，懂得如何提高个人理财能力。

在英国，儿童储蓄账户越来越流

财商智慧箴言

不要剥夺孩子接受锻炼的机会。

行，大多数银行都为 16 岁以下的孩子开设了特别账户。有三分之一的英国儿童将他们的零用钱和打工收入存入银行和储蓄借贷的金融机构。

澳大利亚——再富也要苦孩子

澳大利亚属发达国家，人民的生活较为富裕。然而，富裕的澳大利亚人却信奉：再富也要"穷"孩子！他们的理由是，娇惯了的孩子缺乏自制力和独立生活的能力，长大以后难免吃大亏。

所以，即使在最冷的月份，澳大利亚人的孩子最多也只是"短打扮"——外面加一件绒衣，便无事一般行进在寒风中。而一到太阳出来，便将绒衣脱去，只穿短衣、短裤、短裙。

有人曾讲过这个一件事：在悉尼一家妇产科医院里，一对夫妻来做二胎检查，妻子进诊室面见医生去了，丈夫便带着两岁的女儿在外面大厅等候。一会，女儿嚷着要喝水，于是父亲便在身旁的自动售货机上顺手扯了一个免费纸杯，走进厕所接了一杯自来水便递到孩子手里（自来水在澳大利亚可以饮用）——那父亲不是买不到饮料，自动售货机正在出售一元一杯的可口可乐和橙汁；而他也不是买不起饮料，他是一家体育用品公司的主管，年薪 15 万美元。

其实，这种"穷"待孩子的现象并非个别。每逢给孩子注射防疫针的日子，社区儿童保健站里便排成长龙。排队中，便常见父母将还不会走路的孩子甩到地上（地上铺有地毯），任其去爬、去啃、去打滚，孩子哭喊，也只是安慰两句，看不到一哭就抱的现象。澳大利亚人酷爱勇敢者的运动冲浪，无论是炎夏还是寒冬，父母都常带孩子去海滩。小孩子褪尽"束缚"，光着脚丫自去玩沙、玩水；稍大一点的孩子便跟着父母下海冲浪，呛水的现象时有发生，但父母最多也只是为其拍拍背，便鼓励孩子再次下海搏击冲浪。

其实澳大利亚人"再富也要'穷'孩子"并非刻意为之，用他们的话来说，不过就是"为未来着想"——孩子长大了早晚要离开父母去自闯一片天地，与其让他们那时面对挫折惶惑无助，还不如让他们从小摔摔打打，"穷"出直面人生的勇气和本事。

▌德国——自己的事自己做

德国青少年研究中心曾就儿童零花钱进行了一项调查。结果发现，79% 的德国儿童零花钱有节余，平均每人的储蓄额为 750欧元，这主要归功于父母对孩子进行的理财指导。

调查发现，大约 71% 的儿童有固定零花钱。平均下来，一个德国儿童每周除了从父母那里获得 2.85 欧元外，还可从爷爷奶奶等人那里得到近 3 欧元。过生日和圣诞节时，他们还可以收获一笔。合计下来，6 ~ 12 岁的德国儿童每年平均能有 254 欧元（约 2600 元人民币）的零花钱。

•••••• **财商智慧箴言** ••••••

通过花零花钱，孩子可以对交易形成基本的认识。

尽管零花钱不少，但孩子们大多有具体的储蓄计划和目标。40% 的男孩省钱买电脑和软件游戏；17% 的儿童称自己省钱是为了买玩具；15% 的孩子勒紧裤腰带准备买手机；另外 18% 志向远大，称他们省钱是要买汽车、摩托和轻骑。

德国父母关于孩子零花钱很有一套理论。他们通常定期守时地把零花钱交给孩子，既给孩子一种"守信用"的印象，又方便孩子安排理财计划。无论孩子是否听话乖巧，都有权得到零花钱，父母并不把零花钱当作奖惩手段。父母们基本上让孩子自主决定怎么花钱，但有一个前提，就是所买的东西必须不是危险或是不健康的（比如小刀、香烟等），毕竟孩子年纪尚小，这些约束是必需的。在零花钱的金额上，只要年龄差不多，不论男孩女孩，待遇都是相同的，这也是为孩子树立平等观念的好机会。此外，很多父母还鼓励孩子在银行开设账户，让自己的孩子和亲戚朋友的孩子进行储蓄竞赛。

绝大多数德国父母认为：通过花零花钱，孩子可以对交易形成基本的认识；而且零花钱是有限的，孩子想要的东西却很多，在这个过程中，他们要学会思考，学会取舍，变得有主见；通过处理零花钱也可以让孩子学会制订计划。

▎加拿大——孩子都要做义工

加拿大的中学生在 10 或 11 年级时（相当于中国的高中），有门叫"CAPP"（人生目标和职业规划）的必修课。该课程会专门教学生怎样去义务服务社区，并告诉他们义工服务的重要性和必要性。在安大略省，教育厅规定应届高中毕业生，必须为社会服务 40 小时；而卑诗省教育厅则要求不得少于 30 小时。

财商智慧箴言

通过做义工，孩子们能够积累经验、认识社会，学会与不同年龄和层次的人交往，这些经历会让他们受益终生。

通常，学生们主要在自己的学校、社区中心或慈善机构等地方工作。他们可以照顾或教小孩子，或简单护理行动不便的人士，陪他们聊天、散步等。

表面上看来，做义工似乎占用了学生宝贵的学习和休息时间，甚至还有经济上的投入，但它却能让孩子们获得用金钱难以衡量的收获。加拿大的孩子们通过做义工，能够积累经验、认识社会，学会与不同年龄和层次的人交往，在奉献和回馈社会的同时获得社会和他人的认同，这些经历会让他们受益终生。

第十一章

看世界首富都是如何教孩子理财技能的

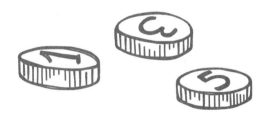

卡内基教孩子树立正确金钱观

在家庭理财中切忌将钱摆在超越一切的第一位，这样会伤害夫妻、父母与子女的感情。美国"钢铁大王"卡内基就曾对他的孩子说："金钱不能换来感情。"他说："如果我特别大方，给你们很多钱，那你们可能只记得我的钱，记不住我这个人。如果我特别抠门，可能也得不到你们对我的感情，所以我宁愿多花些时间关心你们培养人与人之间的感情。因为在关爱面前，金钱就显得无能为力了。你们应该牢记最能打动商人心的不仅是价格，还有感情。"

沃尔顿对子女的"勤俭"教育

沃尔玛公司董事长山姆·沃尔顿自身的简朴以及对子女的"勤俭"教育与其所拥有的巨额财富形成了巨大的反差。

与同龄的孩子不同，老沃尔顿不给孩子们零花钱，而是要求他们自己挣。很小的时候，4个孩子都开始帮父亲干活了。他们跪在商店地上擦地板，修补漏雨的房顶，夜间帮助卸车。父亲付给他们的工钱同工人们一样多。罗布森作为沃尔顿家 4 个孩子的老大，刚成年就考取了驾驶执照，接着就在夜间向各个

零售点运送商品。罗布森·沃尔顿如今回忆说，父亲让他们将部分收入变成商店的股份，商店事业兴旺起来以后，孩子们的微薄投资变成了不小的初级资本。大学毕业时，罗布森已经能用自己的钱买一栋房子，并给房子配备了豪华的家具。

斯坦利先生教子理财的独特理念

斯坦利先生是《财富》杂志评出的全美 500 家最大公司其中一家公司的总裁，他在培养孩子如何对待金钱和树立理财观念上，有一些独特的看法，值得父母们参考和借鉴。下面是斯坦利先生写给孩子的信：

爱心加物质并不够。许多父母往往忽略一点就是在子女独立生活之前，必须在投资理财和金钱观念上教他们一些东西，比如失业率上升，我手上的股票有什么反应或联邦利率下调长期国债会否上升等基本知识。如果没有一些必要的熏陶，子女走进这个充满风险机遇和竞争挑战的年代，就很容易被淘汰。

小节约等于大浪费。孩子，许多时候我都提醒你要厉行节约，但必须记住，不要为节约一美分的钱财而绞尽脑汁。这意味着你的理财观念已经钻了牛角尖，你应该用更多的时间去开源，而不是节流！细小的节约意味着巨大的浪费。

口头承诺不可信。在没见钱之前，不要轻信任何口头承诺，不能为明天的钱而工作。这虽有点犹太人的味道，但在未确定对方信用程度之前，必须具备这样的观念。因为一旦发生，时间和金钱的耗费将使你苦不堪言。

旧的不去新的不来。每个假期你希望痛痛快快地度假还是在家中修你的破单车？如果是我就选择前者。愉快的休息和消遣总能带给人充沛的工作精力，当你将更多的时间和精力投入新一轮的工作，新单车就来了。同样，投资理财也必须要有这样的意识，拘泥于旧框框中打转只能使事情更糟。跳出圈外，不断更新观念，就会永远超前，机会也就源源不断。

财商智慧箴言

> 健康长寿、家庭美满对一个人来说，比金钱更重要．也是金钱买不来的。

辛苦钱最值得珍惜。孩子，当爸爸还是大巴司机时，每天拿回微薄的薪水仅够家里紧巴巴的开支。但你们是否觉得，那时买的巧克力特别香、糖特别甜、玩具更好玩，有没有感到钱的珍贵？现在我一天的收入比10个大巴司机一个月的收入的和还多，你们又是否觉得钱贬值了许多？因而无论你们长大后做任何职业，都应记住：辛苦钱最值钱，最值得珍惜。

金钱并不代表一切。虽然没钱许多东西得不到；但金钱不是万能的，美丽的景色、朋友的亲情、家庭的温暖，还有许多许多，并不取决于你是否有钱。而健康长寿、家庭美满对一个人来说，比金钱更重要，也是金钱买不来的。

霍英东培养孩子理财能力的方法

霍英东先生是香港著名的实业家。他为了新中国的富强做了许多令人难以忘怀的实事，他的儿子霍震霆也为中国的改革开放、家乡建设和中国的体育事业做了大量工作，当然这与他的父亲霍英东先生的教育是分不开的。

霍英东18岁起当苦力、小店员，后以一条拖船发迹，后来建立起了自己的经济集团。他的经历告诉他，教育子女，必须培养他们的坚强毅力、创新意识和竞争意识。霍英东先生对儿子寄予厚望，要求也很严格。霍震霆12岁时被送往英国求学。学习期间，父亲常常提醒儿子说："你与父亲年幼时所处的时代大不相同了，一要好好学习，二要精通外语，三要懂国际贸易，四要读书做事都要为中国人争气，否则我不能用你。"

当霍震霆22岁学成返港后，霍英东便委以重任。这样做，一方面是想试一试儿子的能力如何，另一方面是为了让儿子在实际工作中经受锻炼。

1986 年，霍震霆领父命，带 400 多人的施工队伍开赴文莱，在该国首都斯里巴加湾港兴建大型货柜码头，把这个港口改造成现代化的深水港。这是关系到文莱经济发展的一项关键工程。文莱政府对此项工程十分重视，在全世界为这项工程招标，结果霍英东的有荣公司击败 20 多家竞争对手，夺得了兴建项目。如此重要的工程，又在海外施工，初出茅庐的霍震霆能否胜任呢？这令许多圈内人士大打问号。霍英东没有正面回答朋友们的疑问，而是大谈教子游泳的事：儿女小的时候，我曾经专门聘请游泳名将教他们学游泳。两年光阴过去了，孩子们还是"浮"不起来。于是我把教练"炒"了，自己当教练。我把那些不肯下水的小子统统打下水，逼着他们自己找到浮起来的本领，结果孩子们都"浮"起来了。

霍英东以教游泳比喻培养子女的办事能力，说："道理是同出一辙的，一定要大胆放手，不能瞻前顾后，否则会淹死的。"

霍震霆果然没让父亲失望，他身先士卒，鼓励职工，一定要克服困难，把工程搞好，他说："这是香港华人企业第一次在海外承包工程，工程能否按时完成，工程完成的质量好坏，不仅关系到公司的荣誉，也关系到我们中国人办事到底行不行的问题。"霍震霆及其率领的员工勤奋工作，受到了文莱官方的好评。霍震霆出道后的第一炮就为父亲和中国人争了光。

霍英东在事业有成后，念念不忘故乡的父老和故乡的山山水水，为家乡的建设做出了贡献。霍震霆也追随父亲，为家乡的建设做贡献。从 1990 年起，霍氏家族总动员，将全部精力和巨额资金投入到家乡的建设中去。他们的目标是要把番禺和南沙建成一个具有 21 世纪水平的新城区，成为未来中国新兴城市的典范，让家乡人民过上富裕的生活。

华人首富李嘉诚的教子理财经

李嘉诚深知：温室里的苗苗不能茁壮成长。在儿子李泽钜、李泽楷很小的时候，李嘉诚就要他们了解外面的世界，知道人世的艰辛。他常带他们坐汽车、坐巴士，到路边报摊看一个卖报的小女孩边卖报边做功课的苦学情景。

每逢星期天，李泽钜、李泽楷兄弟俩一定要跟父亲出海畅游。"他们一定要听我讲话，我带着书本，是文言文的那种，解释给他们听，问他们问题。我想，到今天他们未必看得懂文言文，但那些是中国人最宝贵的经验和做人宗旨。"

李泽钜、李泽楷八九岁时，即被安排在公司董事会上，静坐一旁，作为学校之外的另一项重要课程。在兄弟俩念中学时，李嘉诚就带他们到公司开会，"带他们到公司开会，不是教他们做生意，而是让他们知道，做生意不是简单的事情，要花很多心血，开很多会议，才能成事。”

由于李嘉诚早年失学，所以极重视儿子的教育。李泽钜被送往香港顶级名校圣保罗学校念书，由小学念到中学。也许是父亲的谆谆教导，李泽钜在学校里一向比较低调。

李泽楷小时候，与兄长一样入读香港顶级名校圣保罗小学。他在学校里不甚突出，最多在休息时与同学们打乒乓球。不满 14 岁，李泽楷赴北

美读大学预备学校。美国同学不论出身高贾或平民，皆有很强的独立意识。耳濡目染，李泽楷很快习惯了独立生存。父亲去看儿子，发现泽楷假日在网球场拾球赚钱。李嘉诚回港后对夫人庄月明高兴地说道：“泽楷学会勤工俭学，将来准有出息。”

17 岁时，李泽楷进入大哥就读的美国斯坦福大学，专修自己喜欢的电脑工程。一次，李嘉诚到外国探望读大学的儿子。那日，天下着雨，他远远看见一个年轻人背着大背囊，骑着自行车，在车辆之间左穿右插。李嘉诚心想："这么危险。"再看清楚一点，原来是儿子李泽楷。两兄弟到外国读书之初，李嘉诚只买了两辆自行车给他们代步。自那次目睹险境，他才放弃这个磨炼儿子的方法。

1987 年，21 岁的李泽楷大学毕业。此时，家族在加拿大的事业正轰轰烈烈展开。李泽楷去了加国，却不是像其兄一样打理

家族生意，而是进入一家投资银行从事电脑工作，做一名靠工薪度日的打工族。这不是父母李嘉诚的安排，但李嘉诚明白儿子的独立性格，没有横加干涉。

后来，在李嘉诚的要求下，李泽楷进入家族企业。但李嘉诚只安排他到和记黄埔做普通职员，跟随行政总裁马世民学艺。马世民则安排他到旗下的公司工作，这与他喜欢的电脑工作基本对口。最初的日子，李泽楷向父亲抱怨薪水太低，还不及加拿大的1/10，是集团内薪水最低的，都抵不上清洁工。李嘉诚却说："你不是，我才是全集团最低的！"李嘉诚从集团支取的薪金才5000港元。

李嘉诚就是用自己的言传身教来影响孩子，用严格的标准来要求孩子，培养了孩子独立自主的性格，让每个孩子都能够独自撑起一片天空。

▍王永庆的严格"家规"

"台塑大王"王永庆对子女的教育是以严格出名的。儿女们在美国的生活并不富裕，王永庆给的学费、生活费是刚刚好。因为觉得打电话太贵，王永庆和儿女沟通都是写信，从来不打电话。儿女回信，还要报告花了哪些钱，连买支牙膏也写上去。

王雪红是王永庆的三女儿，顶着"经营之神的女儿"的头衔，王雪红却坚持独立创业，她唯一的经济支持来自于母亲送给她的一套房子，靠着用它抵押贷款来的 500 万新台币（合 100 多万人民币），王雪红创办了威盛集团。

不过，王雪红承认，每天 3 点钟起床，做早操、写文章的父亲，亲身展现凡事要有毅力、有原则，对她的影响很大。父母最常给她的教诲就是"要忍耐"，凡事不要只看眼前，要看长远。

现在王雪红也有晨跑的习惯，每天坚持 5 点半起床，风雨不改，即使出差生病也无例外。王雪红解释说："神一直告诉我，懒惰的人会很苦，你如果再睡，你的'粮仓'就要被别人抢光了。"

财商智慧箴言

> 懒惰的人会很苦，你如果再睡，你的"粮仓"就要被别人抢光了。

王雪红正是靠着这股认真、坚持的劲头，将一个名不见经传的小公司发展成全球三大芯片商之一，她本人也被封上"科技第一女创业家"的称号。

2001 年，威盛遇到来自于英特尔的专利侵权诉讼，王雪红始终不肯低头，最终两年后威盛和英特尔达成了十年的交互授权协议。

王雪红在国外读高中的时候，王永庆每一两个星期就会给她写一封信，虽然那时候王雪红觉得爸爸的字又草，写得又深，实在很难理解，但王雪红把每一封信都细心保存，几年前重新翻过，有很多启发。

刘永好教子"首先要学好本领"

　　新希望集团董事长刘永好认为自己最成功的地方就是"把别人打高尔夫的时间用来学习"，而无论与人谈话还是接受采访，他都可能因为对方一句话很有道理而掏出随身带的笔和本子立刻记录下来。"肯学习其实是我们整个家族的一个共性，无论到哪里去，坐飞机、坐车，只要有闲暇时间，我们几乎都是在读书看报，每天晚上我们都会拿3小时左右的时间去看书学习。"

　　而学习也是刘永好要求女儿刘畅的一条"家规"。

　　"过去家里很穷，所以我们肯拼肯吃苦，而现在情况不一样了，新一代年轻人有着更优越和富裕的生活，但他们也面临着一个更加现代化和知识国际化的社会，他们的空间其实更大，不过要想成功，首先要学好本领。"

> **财商智慧箴言**
>
> 新一代年轻人有着更优越和富裕的生活，但他们也面临着一个更加现代化和知识国际化的社会，要想成功，首先要学好本领。

　　1996年，刘永好送女儿刘畅前往美国求学，2002年，22岁获得MBA学位的刘畅回国一露面就已经是四川南方希望有限公司的董事长。然而，刘永好立下规矩，十年之内不允许女儿在媒体面前曝光。如此用心良苦的低调处理，其实刘永好只是为了让女儿能有一个宽松的环境继续学习。

　　"我希望将来她能够按照自己喜欢的方式去生活，但现在她首要做的还是不断去学习、积累，这是我对她的要求。"刘永好这样说。

南存辉：让孩子去闯荡

正泰集团董事长南存辉 13 岁时就被父亲带着在大街上修鞋，当时他很不愿去，一方面觉得不好意思，一方面修鞋很辛苦，忙的时候经常加班到凌晨两三点，早上五六点钟就要起床。所以，过了一阵他向父亲提出想回到农村，这样即使睡到晚上也就扣点工分。但父亲坚持不同意。一个寒冷的冬天，南存辉不小心将补鞋的锥子深深地扎进手指，他咬牙拔出锥子，用片破纸包上伤口，坚持为客人补好鞋。

财商智慧箴言

父母给予孩子最重要的东西就是聪明的脑袋、明亮的眼睛和勤劳的双手。

在修鞋的那几年里，南存辉培养起了自己的竞争意识。他每天赚的钱都比同行多，因为他速度快，修鞋的质量也更可靠。

后来南存辉在 21 岁那年开始创业时，也正是他看重质量的观念，让他在低压电器开关领域闯出了一片天地。

2007 年，南存辉在美国读书的儿子就要毕业了。有一天祖孙三代人坐在一起讨论，南存辉坚决要求儿子毕业后不准到正泰工作，应该去外面闯荡。这时，父亲说话了："让他出去干，或者回公司干都行。"

南存辉问父亲："那当年，为什么你不准我回到更舒适的农村呢？我的儿子也不能给他轻松的环境。"所以，每个假期儿子回温州，南存辉都要求儿子隐姓埋名，换上工作服到正泰公司的车间打工，和工人同吃同工作。

南存辉说父母给予孩子最重要的东西就是聪明的脑袋、明亮的眼睛和勤劳的双手。"千万不能因为自己赚了钱，就让儿子轻松地过活。"

▌周福仁：贫困是资本而不是障碍

西洋集团董事长周福仁生在一个偏远山区里，在家排行老二，兄弟姐妹四人，生活非常窘迫。然而，他们从小受到的教育却很严格，父母期望

财商智慧箴言

贫困是资本而不是障碍。

子女有所作为，稍有错误就棍棒相加。周福仁对此这样评论：生活标准不高，但要求很高。但他说，如果我没有那种家庭出身，就没有我今天。因为贫困已经成为他的资本，而不是他的障碍。就像他经常和员工说的：我现在什么苦都能吃。

东三省的冬天可不饶人，没有御寒的衣服，但周福仁照样还得走路上学；小时候去打柴，100多斤柴都用脑袋顶回来，周福

仁现在依旧念念不忘地说，现在个子不高，肯定和那段经历有关系。他就是在那种环境里成长起来的，现在或许也苦也累，但终究比以前好多了。

对于孩子，周福仁认为，只要语言上加以引导，他们就会做得很好。所以他经常跟孩子们讲自己小时候的事情。他的子女也是生在农村，小时候也干过活，也经历过山区里不易的生活，所以他认为他的孩子们肯定比从小在城市长大的孩子能吃苦。

周福仁也一直保持着节俭的习惯，他出差从来都是坐经济舱，而不去坐头等舱、公务舱。他的部下经常对他说，现在住宿、坐飞机、开车，都要选择和自己身份一致的，这并不是浪费。但周福仁的回答是：现在不管怎样，都比以前好多了，额外的花销没必要。在这方面，他想：一定要为子女、为员工做一个榜样。